Das Färben und Imitiren

des

Holzes, Hornes, der Knochen und des Elfenbeins.

Ein Handbuch

für die

Holz-, Horn-, Knochen- und Elfenbein-Industrie,

mit besonderer Berücksichtigung

der Gewerbe der Tischler, Drechsler, Stock- und Schirm-Fabrikanten, Kammmacher, Galanteriewaaren etc. etc.

Von

Wilhelm Haubold.

Berlin.

S. Fischer Verlag.

1888.

Vorwort

Wenn ich es angesichts der vorhandenen Literatur über das Färben von Holz, Horn, Knochen und Elfenbein für angemessen erachtet habe, ein neues Buch über diesen Gegenstand zu verfassen, so habe ich vor allem im Auge gehabt, jedweden überflüssigen Balast, die Beschreibung der Holzarten, die verwendbaren Farbstoffe und Chemikalien in demselben hinweg zu lassen und längst veraltete Vorschriften für das Färben genannter Materialien, welche sich in kaum veränderter Gestalt wie ein rother Faden durch alle Bücher über Holzfärberei hindurchziehen, durch neue, zeitgemässe zu ersetzen.

Ich behandle das von mir gewählte Thema vom praktischen Standpunkte aus, besitze reiche Erfahrungen auf dem Gebiete der Holz-, Horn-, Knochen- und Elfenbein-Färberei, welche ich hier zum Ausdrucke bringe und habe aus der neuesten Literatur alles dasjenige ausgewählt, was mir vom praktischen Standpunkte aus auch für die Praxis verwerthbar erscheint.

Vorwort.

Die verschiedenen Imitations- und Decorationsverfahren sind in gedrängter Kürze zum Ausdrucke gebracht, das Buch selbst bildet in seiner knappen Ausdrucksweise eine Fülle von Neuem und ich hoffe, dass es sich in dieser Gestalt nur warme Freunde erwerben wird.

Wilhelm Haubold.

Inhalts-Verzeichniss.

Vorwort.

Einleitung 1

Das Färben und Imitiren des Holzes 5

Färbung des Holzes durch die ganze Masse 6

" " " nach Gottheil und Auffermann . . 6

" " " " Reifenbichler 6

Färben mittelst Auslaugens und Aufsaugen nach Jenks. 8

Oberflächliche Färbung. Färbemittel. Art der Färbung 9

Verwendung vegetabilischer Farbstoffe 13

Färbeverfahren von Thim 16

Holzbeizen von Dr. Berger 17

Färbungen mit Alizarin 18

" " anderen Stoffen 19

Färben von Eichenholz 20

" " " nach Wegler 24

" " " " Talbert 25

" " " " Andés (Normalbeizfarbenscala) 26

Bereitung der Beizen 31

Braune Beizen 33

Schwarze Beizen von Dr. Berger 37

" " " Dr. Godeffroy 37

" " aus Blauholz und Blauholzextract . . 38

Fourniere schwarz zu beizen 39

Graue Beizen 39

Färben lebhafter Farben. Mit Theerfarbstoffen . . . 40

" " " Mit Alizarin 42

Auftragen der Beizen auf das Holz 43

Das Imitiren der Hölzer 44

Imitiren von Mahagonyholz 47
„ „ Rosenholz 47
„ „ amerikanischem Nussholz 47
„ „ Polisanderholz 47
Tannen- und Fichtenholz eichenartig zu färben 49
Nachahmung dunklen Nussholzes 49
Elsenholz cedernholzartig zu färben 49
Imitation des echten Ebenholzes 50
Die Imitation eingelegter Holzarbeiten (Intarsia-Imitation) . 51
Imitation durch Malen 51
Metall-Intarsia 51
Imitation durch Schabloniren 52
Imitation durch Beizen 52
Intarsia-Nachahmung nach Stelzenmüller 56
„ „ Whitburn 56
„ „ Zimmermann 56
Holzmosaikarbeiten-Ersatz nach Dreifuss 57
Holzbrandtechnik (Pyrographie) 57
Uebertragungsverfahren, Abziehbilder 59
Schattiren der Intarsia-Arbeiten durch Brennen . . . 61
Zinn-Intarsia 61
Metallisirung des Holzes 62
Krystallähnlicher Ueberzug auf Holz 63
Holz-Vergoldung 63
Glänzende Vergoldung 63
Bronziren von Holz 64
Herstellung von Cuivre poli 65
Conserviren des Holzes durch Polituren und Lacke . . 67
Füllen der Poren des Holzes 69
Poliren 71
Lackiren 72
Das Färben und Imitiren des Hornes 74
Schwarzfärben 74
Braune Färbungen 76
Helle Färbungen 76
Weissfärben 77
Imitiren des Schildpatts 78
„ „ „ nach Lindner 79

Imitiren des Schildpatts nach Schmidt. 80
„ „ „ „ Kayser 80
Künstliches Schildpatt aus Elfenbein 81
Schildpatt-Imitationen aus Celluloid und Leimmassen . 81
Horn-Imitationsmasse aus Abfällen 82
„ „ „ nach Pathe 83
„ „ „ „ Macpherson . . 83
„ „ „ „ Robbiatti . . 83
„ „ „ „ Geissler . . . 84
Metallisiren des Hornes 84
Irisirende Färbungen auf Horn 85
Vergolden des Hornes 87
Bronziren des Hornes 87
Versilbern des Hornes 87
Perlmutter- und Metalleinlagen 88
Horn durchsichtig zu machen 88
Poliren des Hornes 88
Lackiren 89
Das Bleichen, Färben und Imitiren der Knochen und des Elfenbeins 90
Entfetten der Knochen durch Auskochen 90
„ „ „ „ Extraction 90
Bleichen der Knochen. Sonnenbleiche; mittelst Chlor, Ozon, Chlorkalk, Wasserstoffsuperoxyd 92
Bleichen nach Kayser 94
„ „ Miller 94
Knochen und Elfenbein weiss zu machen 95
Bleichen von Elfenbein, vergilbtes Elfenbein 96
Färben des Elfenbeins und der Knochen 96
„ „ „ „ „ „ nach Prechtl . . 98
„ „ „ „ „ „ amerik. Verfahren 99
„ „ „ „ „ „ m. Theerfarbstoffen 100
Braune Färbung auf Elfenbein 101
Decorationsverfahren. Imitation eingelegter Arbeiten . . . 102
Malereien 102
Farbige Decoration auf Elfenbein von Ebell 103
Formen des Elfenbeins 103
Versilbern von Elfenbein 104

Verzierungen auf Elfenbein 104
Imitation der braunen Rinde natürlichen Elfenbeins . . 105
Decorationsverfahren von Batonnier-Michel 105
Vergolden von Elfenbein 106
Imitation von Malerei und eingelegter Arbeit 106
Knochen- und Elfenbein-Imitationen 107
" " " mittelst Celluloid . 107
" " " Vegetalin 108
" " " nach Hyatt . . . 108
" " " " Rouvier-Paillard 109
" " " " Latry 110
" " " " Harras . . . 110
" " " " Mayall . . . 111
" " " " Ainmüller . . 111
" " " " Lehner . . . 112
" " " aus Kartoffelfaser . 112
Imitation von Elfenbein-Einlagen in Ebenholz 113
Elfenbein-Imitation auf Holz 113
Uebersichtliche Zusammenstellung der zum Färben von Holz, Horn, Elfenbein und Knochen verwendbaren Materialien 115

Einleitung.

Holz, Horn, Knochen und Elfenbein werden wie so viele Produkte des Pflanzen- und Thierreichs mit den uns zu Gebote stehenden Färbemitteln gefärbt, einestheils um die von Natur weisse wie gelbliche Färbung durch eine andere beliebige zu ersetzen, und so einen andern Effect hervorzubringen, anderntheils aber um gewisse andere Stoffe zu imitiren, aus einem geringwerthigen Material ein werthvolleres herzustellen.

Die Verarbeitung der oben genannten Materialien zu den verschiedenartigsten Gegenständen ist eine uralte, und auch die Ausschmückung dieser durch andere Stoffe ist bis auf die ältesten Zeiten zurückzuführen. So erwähnt Homer die Verwendung des Elfenbeins zum Schmucke verschiedener Gegenstände häufiger, sowohl als glänzend weisses Material wie auch gefärbt. In Ostasien ist Japan durch seine eingelegten Arbeiten in Elfenbein bekannt; Platten des kostbaren Materiales, auch kurze Cylinder wurden mit Goldlack bemalt und mit Perlmutter, Korallen und Steinen eingelegt, während in den späteren Zeiten in Europa dieses Material, ebenso wie in China meistens nur zu Schnitzereien verwendet wurde.

Viel später jedenfalls ist das Färben des Holzes bekannt geworden und wird der Kunstschreiner Jean zu

Verona[1]) im 15. Jahrhundert lebend, als Erfinder desselben genannt. Von diesem Zeitabschnitte an finden wir viele Gegenstände aus Holz, dann auch aus Elfenbein und Knochen gefärbt oder in irgend einer Weise decorirt, während das Horn erst in einer späteren Zeit dazu verwendet wurde.

Wie dem auch sei, — es lassen sich ganz bestimmte Nachweisungen nicht geben — das eine lässt sich mit Sicherheit sagen, dass erst die allerjüngste Vergangenheit den Anstoss dazu gegeben hat, der Färberei und Decoration, sowie auch der Imitation jene Aufmerksamkeit zuzuwenden, welche es allein ermöglichte, ihr die jetzige Ausdehnung zu geben.

Während beispielsweise in früheren Jahrhunderten die aus Holz gefertigten Einrichtungsstücke etc., in ihrem Naturzustande belassen, höchstens mittelst eingebrannter, ganz primitiver Zeichnungen, einigen farbigen Linien oder dergleichen decorirt wurden, finden wir heute überhaupt gar nichts aus diesem Materiale mehr, welches nicht in irgend einer Weise ausgeschmückt wäre. Das billigste Möbelstück beispielsweise wird nicht mehr in seiner Naturfarbe belassen, sondern es wird mit deckenden Farben angestrichen, mit einer Holzimitation versehen und lackirt. Ob diese Art der Decoration auch immer vom ästhetischen Standpunkte aus zu billigen ist, ist eine andere Sache, die von der mehr oder minder schönen Ausführung der Imitation abhängt, und es wäre gewiss manchesmal vorzuziehen, das Holz in seiner Naturfarbe zu belassen oder es einfach ganz dunkel zu färben. Hier kommt aber dieses in Betracht, dass mit Rücksicht

---

[1]) Demmin, Studien über stofflich-bildende Künste und Kunsthandwerke II. Folge, 1. Die Kunsttischlerei.

auf die billigen Preise, die für diese Objecte gemacht werden müssen, die schlechtesten Holzgattungen genommen werden, welche sich schlecht und ungleichmässig färben würden, so dass der Anstrich bezweckt, Fehler in der Arbeit zu verdecken. Hieraus folgt, dass man, um eine schöne und gleichmässige Färbung des Holzes zu erhalten, auch schönes und von Haus aus gleichmässiges Holz verwenden muss, denn wenn z. B. zu einem Arbeitsstück ein helleres und ein dunkleres Eichenholz genommen worden ist, so kann nicht verlangt werden, dass durch die Beizung Gleichheit erzielt wird, sondern es werden wieder zwei verschiedene Färbungen erhalten. In diesem Falle kann aber nur mit Beizen verschiedener Conzentrationsgrade gearbeitet werden.

Von einer Holzfärbe-Industrie im eigentlichen Sinne des Wortes kann nicht gesprochen werden — wenn wir einige Fournir-Färbereien ausnehmen —, sondern es färbt eben jeder Holz verarbeitende Industrielle und Gewerbsmann sein Material fast ausschliesslich nach Fertigstellung des Objectes; ganz ähnlich ist es auch mit dem Färben des Hornes, der Knochen und des Elfenbeins. Das Färben des Holzes als Gross-Industrie unterläge wohl keiner besonderen Schwierigkeiten, wenn von den sehr bedeutenden Anschaffungskosten für die Einrichtungen abgesehen wird, aber da in diesem Falle dasselbe seiner ganzen Masse nach gleichmässig gefärbt sein musste, so hat sich dasselbe doch mit Rücksicht auf den Preis keine Bahn zu brechen vermocht. Knochen und Elfenbein dagegen lassen sich überhaupt nicht durch und durch färben und bei der Verarbeitung ist man gezwungen, die Färbung erst nach Fertigstellung oberflächlich vorzunehmen.

Es lässt sich gegen diese seit langem geübte Art der Färbung weder vom wissenschaftlichen noch vom praktischen Standpunkte aus etwas einwenden, wenn anders dieselbe rationell und auf wissenschaftlich begründeter Basis vorgenommen wird. Diese in die Praxis einzuführen, war der leitende Gedanke bei Verfassung dieses Werkchens.

Das Färben und Imitiren des Holzes.

Wenn Holz gefärbt werden soll, hat man in aller erster Linie zu beachten, ob eine Färbung durch die ganze Masse oder nur eine oberflächliche erfolgen soll; die Färbung durch die ganze Masse gestattet beliebige Bearbeitung des Holzes, es wird also unverarbeitetes, in Bretter oder Fournire geschnittenes Holz gefärbt, während die oberflächliche Färbung desselben nur an schon fertig ausgearbeiteten Objecten vorgenommen werden kann, weil die nicht tief — oft nur 1 mm — gehende Färbung diese Bearbeitung nicht gestattet. Die Fertigstellung der zu färbenden Objecte erfolgt durch Hobel, Ziehklinge, Bimsstein oder Glaspapier und hat man bei Anwendung der letztgenannten Schleifmittel ganz besonders darauf zu sehen, dass dieselben nur in der Längsrichtung der Holzfaser benutzt werden. Würde man quer über die Textur schleifen, so entstehen leicht tiefgehende Risse im Holze, welche die Fasern verletzen und die entstandenen Risse durch die Beize dunkler gefärbt erscheinen lassen und unschön sind. Gewöhnlich soll das Holz vor dem Beizen gut ausgetrocknet sein, bei weichen Hölzern empfiehlt sich, damit auch die Jahresringe sich gleichmässig färben, eine dem Beizen vorangehende Benetzung mit Wasser.

Die Färbung des Holzes durch die ganze Masse, welche Vorzüge sie auch immer hat, findet nur seltener Anwendung, weil dazu complicirte kostspielige Einrichtungen nöthig und es befassen sich mit ihr specielle Fabriken, welche eben nur die gefärbten Hölzer liefern, mit der Verarbeitung selbst aber nichts zu thun haben. Sehr schön gefärbte Hölzer, welche namentlich zu Einlegearbeiten dienten, kamen zuerst in Frankreich zur Geltung und gingen von dorten nach ganz Europa, und wenn man auch heute in Deutschland und anderen Ländern ebenso schöne Hölzer erzeugen kann, so haben doch die Pariser noch immer ihren Ruf behalten.

Zur Färbung des Holzes durch seine ganze Masse bestehen verschiedene Verfahrungsweisen; so färben Gottheil und Auffermann in Berlin in der Weise, dass das Holz in eiserne Dampfcylindern eingelegt, nach vollzogenem hermetischem Verschlusse die Luft ausgepumpt und nun die färbenden Flüssigkeiten eingelassen und unter einem Ueberdruck von etwa 30 Atmosphären in das Holz eingepresst werden. Für das Färben der gewöhnlichen Fournire genügen $^1/_2$ bis 1 Stunde, während mit der zunehmenden Dicke des Holzes diese Zeitdauer selbstverständlich sich erhöht. G. F. Reifenbichler[1]) benutzt ein Tiefbeizverfahren, mittelst welchem er ausgezeichnete Resultate erhält. Der verwendete Apparat besteht aus einem Dampfkessel und einem stehenden Cylinder für die Aufnahme des Holzes, welcher aber nicht mit directem Dampf, sondern mittelst einer Schlange geheizt wird. In dem Kessel befindet sich ein Rührer, welcher sowohl kreisförmiges Umdrehen um sich

[1]) Deutsche Tischlerzeitung. Jahrg. 1885.

selbst, als auch eine senkrechte, stampfende Bewegung gestattet und ein tüchtiges Durcheinanderarbeiten des Kesselinhaltes ermöglicht. Beim Betriebe wird dieser Cylinder zu $^{2}/_{3}$ mit der Beizflüssigkeit (d. h. der zum Färben bestimmten Flüssigkeit), mit Wasserglaslösung versetzt, gefüllt, das Holz eingebracht und nun luftdicht verschlossen. Ist durch die eintretende Erhitzung die Luft aus dem Holze und dem Cylinder durch ein Ventil ausgetrieben, so beginnt unter gleichzeitiger Einwirkung des äusseren Luftdrucks die Aufsaugung der Beize. Dem Aufsaugen der Beize in das Innere des Holzes kann durch Bohrungen vorgearbeitet werden, welche man später mit künstlicher Holzmasse wieder ausfüllt (!). Andés[1]) beschreibt einen Apparat, aus einem Dampferzeuger und einem Auslaugekasten bestehend, mittelst welchem man 4 cm dicke Hölzer in 12 Stunden, 6 cm dicke Hölzer in 14 Stunden, noch stärkere in verhältnissmässig längerer Zeit färben kann. Das Holz wird bei dem Verfahren zunächst mittelst Dampf vollständig ausgelaugt, bis der Saft hell und klar ist, dann der Auslaugekasten durch eine Luftpumpe luftleer gemacht und nun die heisse Färbeflüssigkeit eingeleitet; da ein luftleerer Raum nicht existiren kann, saugt sich in die nun luftleeren Zellen des Holzes die Beize begierig ein und färbt das letztere seiner ganzen Masse nach.

Die zum Färben dienenden Färbemittel sind mit wenigen Ausnahmen die bekannten und in einem späteren Abschnitte dieses Buches zu erwähnen, und geschieht das Färben entweder mit den fertigen Beizen, oder mit abgesonderten Lösungen, welche man jede für sich auf

[1]) Vollendungsarbeiten der Holzindustrie. A. Hartlebens Verlag.

das Holz einwirken lässt. So färben Gottheil & Auffermann in Berlin Schwarz, indem sie unter Druck zunächst eine Blauholzextractlösung auf das Holz wirken lassen, dann solches aus dem Apparat nehmen, und nach vollständigem Austrocknen erst im Apparat mit holzessigsaurem Eisen behandeln, wodurch ein tiefes Schwarz erhalten wird.

Borton Jenks färbt mittelst Auslaugens und nachherigem Aufsaugen Hölzer mit folgenden Substanzen:

1) Helles warmes Grau mit salpetersaurem Eisenoxyd.

2) Dunkles warmes Grau mit salpetersaurem Eisenoxyd und Paraffin.

3) Helles kälteres Grau mit Eisenvitriol,

4) Dunkles kälteres Grau mit Eisenvitriol und Paraffin.

5) Helles und dunkles kälteres Grau. Eisenvitriol und Blauholz je nach Stärke der Lösungen.

6) Dunkles warmes Grau mit Eisenvitriol, Blauholz und Paraffin.

7) Helles Gelbgrau mit chromsaurem Kali.

8) Dunkles Gelbgrau mit doppeltchromsaurem Kali.

9) Schönes Gelbgrau mit doppeltchromsaurem Kali und Paraffin.

10) Hellorange mit Blauholzabsud.

11) Dunkelorange mit Blauholzabsud und Paraffin.

12) Schieferblau mit Anilinblau.

13) Dunkel-Schieferblau mit Anilinblau und Paraffin.

14) Gelblich-Violett mit Anilinroth.

---

[1]) Chemisch-techn. Rezept-Taschenbuch für die Holzindustrie p. 128. Verlag von B. F. Voigt in Weimar.

15) Dunkelgelb-Violett mit Anilinroth und Paraffin.
16) Purpur mit Solferinoroth.
17) Dunkles Purpurroth mit Solferinoroth und Paraffin.

Er geht hierbei in der Weise vor, dass er zunächst das Holz mit Dampf auslaugt, hierauf den Raum in dem es sich befindet mittelst eines Luftpumpapparates völlig luftleer macht und nun die flüssige Beize einströmen lässt, welche von den luftleeren Zellen des Holzes aufgenommen wird und dieses seiner ganzen Masse nach intensiv färbt. Die Erhöhung des Farbentones wird nachträglich in einem besonderen Kessel mit flüssigem Paraffin vorgenommen und hat sich die Methode im Grossen bewährt.

Zum Färben lebhafter Farbentöne, also roth, blau, gelb, grün, violett in ihren unendlich verschiedenen Abstufungen werden heute ausschliesslich wässerige Anilinfarbenlösungen benutzt, welche sich verhältnissmässig billig stellen. Wenn ganz dünne (Messerschnitt) Fourniere durch und durch gefärbt werden sollen, kann man solche auch in einem entsprechend grossen Gefässe so lange mit der Farbflüssigkeit kochen, bis sie genügend tief eingedrungen ist.

Im Ganzen ist das oben genannte Färbeprincip für die Holz verarbeitenden Gewerbe, nicht von jener Wichtigkeit, wie die oberflächliche Färbung, und ich wende mich nun dieser zu.

Die Zwecke der gewöhnlich geübten Holzfärberei sind verschieden, je nachdem man beabsichtigt: a) einem gewöhnlichen billigen, an sich wenig oder gar nicht gefärbten Holze eine Färbung überhaupt zu geben; b) eine Imitation herzustellen, und c) schlechtgefärbtem, nicht schönem Holze eine dem Auge gefälligere Farbe zu geben.

und kann man demgemäss von einer Holzfärberei im allgemeinen und dem Holzimitiren sprechen.

Die Wirkung der Färbemittel auf die verschiedenen Holzarten ist eine verschiedene, weil ja einerseits die Textur der Hölzer nicht gleich ist, also ihr Aufsaugevermögen ein verschiedenes, andererseits aber auch ihre chemische Zusammensetzung mit auf die Färbung von Einfluss ist. So färbt beispielsweise das doppeltchromsaure Kali Ahorn-, Fichten-, Tannen-, Buchen-, Linden- etc. etc. Holz schön gelb, während es auf Eichenholz eine dunkelbraune Färbung giebt. Die Verschiedenheit des Aufsaugevermögens einzelner Hölzer zeigt uns das Tannen- und Ahornholz sehr deutlich, und im Tannenholze sind es wieder ganz besonders die Jahresringe, welche eine Färbung nur schwer und ungleichmässig annehmen. Auf über Hirn geschnittenem Holze dringt die Färbeflüssigkeit unendlich leicht ein und färbt solches viel dunkler als den Längsschnitt, dagegen die „Spiegel“ sich wieder nur schwierig färben und immer bemerkbar bleiben.

Hölzer von schwammiger, poröser Struktur nehmen die Beizen im allgemeinen leichter und rascher auf, als die harten, aber diese letzteren, mit kerniger und wenig sichtbarer Struktur haben gefärbt ein weit schöneres und gleichmässigeres Aussehen, so dass es für den Holzfärber immer dankbarer ist, letztere zu färben. Weiche Hölzer werden meistens so dunkel gefärbt, dass ihre Textur fast gar nicht mehr zur Geltung kommt.

Die Holzfärberei ist anscheinend eine Sache von grösster Einfachheit, erfordert aber doch gründliche Kenntniss der zu färbenden Hölzer und gründliche Kenntniss der Färbemittel, sowie grosse Genauigkeit beim Färben selbst. Die Färbemittel bestehen aus vegetabilischen Farbstoffen, Chemikalien und Theerfarbstoffen und sind gegenseitig miteinander in Verbindung gebracht, den mannigfachsten Veränderungen unterworfen. Die Chemikalien geben in Lösungen zusammengebracht, verschiedenfarbige Niederschläge, welche sich als Beizen für Holz eignen, die vegetabilischen Farbstoffe unterliegen, mit Säuren und Chemikalien behandelt, vielfachen Veränderungen, alles Umstände, welche in der Holzfärberei zur Geltung kommen, gewissermassen Bedingung für ihre Existenz sind, und aus diesen Gründen ist die eingehendste Kenntniss für den praktischen Holzfärber von grösster Wichtigkeit. Godeffroy sagt:[1]) „Die Holzfärber sollten, wenn sie vollkommen gute Erfolge erzielen wollen, sich mehr mit der Natur der Hölzer, mit den chemischen Vorgängen befassen, als es bisher geschehen. Denn wie schöne Holzgegenstände auch aus manchem Atelier hervorgehen mögen, so giebt es doch noch eine grosse Anzahl von Tischlern, welche nur nach Ueberlieferung von alten Rezepten arbeiten und dadurch Resultate erzielen, welche mitunter geradezu abschreckend sind."

Da es natürlich nicht Aufgabe einer im engsten Rahmen gehaltenen Schrift sein kann, eine chemische Abhandlung zu bringen, so will ich hier nur einige der hervorragendsten Veränderungen, welchen die verschiedenen Färbemittel unterliegen, anführen. Potasche, Soda, Baryt, Kalk und Ammoniak vertiefen die Farben der vegetabilischen Reihe, während Säuren sie erhöhen. So überführen die Säuren die mit Brasilienholz und Blauholz hergestellten Färbungen in ein auffallendes Corallenroth

[1]) Mittheilungen des technolog. Gewerbe-Museums in Wien 1880.

während sie die Farben des Krapps bräunen. Die mit übermangansaurem Kali hervorgerufene braune Farbe des Holzes wird durch alle — auch die schwächsten — Säuren vollkommen zerstört, während Licht und Luft sie nicht angreifen oder verändern. Alaun macht die Farbe des Campecheholzes ins Violette gehend, färbt das Roth des Brasilienholzes dunkler, ist aber ohne Einfluss auf Curcumae. Zinnsalz ändert die Färbungen mit Blauholz und Brasilienholz wie eben gesagt und überführt das grünliche Gelb der Curcumaewurzel in ein sehr schönes Orange. Zinnsolution giebt weissen Hölzern eine goldgelbe Farbe und verschafft fast allen Beizen nicht bloss Schönheit, sondern auch Beständigkeit. Dies alles — und noch vieles Andere — soll und muss der Holzfärber wissen und das Studium der Grundbegriffe der Chemie ist ihm daher nicht warm genug zu empfehlen.

Das Färben der Hölzer kann auf verschiedene Weise erfolgen, je nachdem man eine fertige färbende Flüssigkeit, oder Flüssigkeiten, welche sich, nach einander aufgebracht, im Holze zersetzten, anwendet. Nach Andés[1]) kann die Beizung erfolgen:

1) Durch Veränderung der Farbe des Holzes durch ein chemisches Reagens, welches an und für sich keine Farbe besitzt. (Säure, namentlich Salpetersäure.)

2) Durch Fällung oder chemische Veränderung eines Bestandtheiles der verwendeten chemischen Verbindung durch das Zellgewebe des Holzes selbst (übermangansaures Kali);

3) durch Fällung des Farbepigmentes in dem Zellgewebe (doppeltchromsaures Kali und Bleizucker);

---

[1]) Vollendungsarbeiten in der Holzindustrie p. 12.

4) durch Färbung der Holzfaser mit vegetabilischen Farben und Alkalien (Blauholzextract, doppeltchromsaures Kali);

5) durch Färbung der Holzfaser mit fertigen flüssigen Beizen (Sandelholzbeize);

6) durch Färbung der Holzfaser mit Lösungen von Farbepigmenten, flüssigen Farben, in Alkohol oder Wasser (Theerfarbstoffe).

Von allen diesen Färbungen sind jene als am beständigsten und echtesten zu bezeichnen, welche im Holze selbst erzeugt werden, und wir werden im Laufe dieser Abhandlungen noch auf ein Verfahren zurückkommen, welches, auf den neuesten Fortschritten in der Färberei berechnet, gestattet, eine ganze Reihe der verschiedensten und schönsten Färbungen auf Holz zu erzielen. Die von den alten Holzfärbern verwendeten Färbemittel sind theilweise ganz zu verwerfen, theils sind sie durch geeignetere (z. B. Urin durch Salmiakgeist) zu substituiren, und es hat der Holzfärber ein ganz besonderes Interesse daran, sich mit den Neuerungen auf dem Gebiete der Färberei vertraut und bekannt zu machen, wenn er nicht zurückbleiben will. Ich bin kein Anhänger jener Bestrebungen, welche um jeden Preis jede Neuerung eingeführt wissen wollen, aber man darf sich denselben nicht ganz verschliessen. Ausser jenen Niederschlägen, welche wir durch Wechselwirkung der verschiedenartigsten chemischen Verbindungen erhalten, sind es noch immer die vegetabilischen Farbstoffe, welche uns, entsprechend behandelt, eine ganze Reihe schöner Färbungen bieten.

Nach Andés[1]) ist die Verwendung von billigen

[1]) Neueste Erfindungen und Erfahrungen. XII. Jahrg. 145/148.

vegetabilischen Farbstoffen (Blauholz, Rothholz, Gelbholz etc.) und den verschiedensten Salzen, um Färbungen auf Holz zn erzielen, einer Steigerung fähig, weil diese Färbungen dem allgemeinen Verlangen nach Schönheit, Haltbarkeit und Wohlfeilheit Rechnung tragen. Die Resultate welche er bei seinen Versuchen erhielt, sind ganz befriedigend, wenn sie auch den mit Anilinfarben hergestellten Färbungen lange nicht nach kommen. Versuchshalber hat er nun die Proben mit Blauholz, Rothholz, Gelbholz, Krapp, Gelbbeeren, Curcumae vorgenommen, betrachtet aber die Versuche nicht als abgeschlossen und empfiehlt zu solchen: Catechu, Fisetholz, Alkannawurzel, Cochenille, Safflor, Wau, Quercitronrinde, Malvenblüthe, Indigocarmin, Gummiguttae, Orlean u. s. w. und unterliegt es keinem Zweifel, dass sich damit eine ganze Reihe neuer und, was die Hauptsache, billiger und haltbarer Färbungen erzielen lassen.

Bei der Vornahme der Experimente verfährt man wie folgt:

Man bereitet je nach der Natur des Farbstoffes eine concentrirte Abkochung oder eine Auflösung desselben in Wasser und überstreicht damit die am geeignetsten 15 cm langen und 10 cm breiten Holztäfelchen auf beiden Seiten, um sie nach dem Trocknen des Farbstoffes mit dem Namen desselben und mit fortlaufenden Nummern zu versehen. Andererseits löst man für sich Potasche, Salz, Chlorzink, Weinsteinsäure, Bleizucker, Eisenvitriol, Kupfervitriol, Jodkalium, übermangansaures Kali, blausaures Kali, Tannin, Pyrogallussäure, Kupferchlorid, Grünspan und beliebige andere chemische Verbindungen im Verhältnisse von 15—30 zu 1000 in Wasser auf, und überstreicht mit diesen, sowie mit verdünnten Säuren, wie Salzsäure, Schwefelsäure, Salpetersäure, Essigsäure, oder anderen flüssigen Chemikalien, Schwefelammonium, Ammoniak, Schwefelwasserstoffwasser, salpetersaurem Eisen u. s. w. die vorbereiteten Hölzer; hierbei hat man genaue Aufzeichnungen zu führen, welche Agentien man anwendete und darauf zu sehen, dass die Auftragungen desselben auf die nummerirten Brettchen mit den Nummern der Salze stimmen und nach beendeten Versuchen die erhaltenen Resultate ebenfalls zu notiren.

Von den von Andés erhaltenen Resultaten führe ich hier auszugsweise einige an:

Chemisches Agens	Blauholz-abkochung	Gelbholz-abkochung	Rothholzex-tractabkoch.	Gelbbeeren-abkochung.
Verdünnte Salzsäure	röthlich	gelbbraun	hellroth	rosa
„ Salpetersäure	roth	braun	hellroth	unveränd.
„ Schwefelsäure	roth	braunroth	purpurfarb.	gelb
Schwefelwasserstoff	gelbbraun	dunkelgelb	hellroth	—
Salpeters. Eisen	schwarz	dunkelgrau-grün	dunkelviolett	dunkeloli-vengrün
Chroms. Kali	schwarz	—	braunroth	braungelb
Chlorzinn	violett	gelb	hellroth	dunkelgelb
Weinsteinsäure	graubraun	gelb	röthlichgelb	entfärbt
Kupfervitriol	dunkelgrau	orange	dunkelroth	grünl. gelb
Tannin	gelbroth	fahlgelb	unverändert	—
Salmiak	gelb	dunkelgelb	dunkelroth	—
Grünspan	dunkelbr.	—	—	—
Bleizucker	graubraun	gelb	gelblichroth	dunkelgelb
Gelbblaus. Kali	gelbbraun	—	—	hellgelb
Uebermangans. Kali	hellbraun	bräunl. gelb	—	—
Potasche	dunkelroth	gelb	dunkelcar-minroth	gelb
Pyrogallussäure	—	gelb	—	—
Schwefelammonium	—	dunkelgelb	dunkelroth	hellgelb
Alaun	—	gelb	—	—
Eisenvitriol	schwarz	—	dunkelviolett	—

Thimm hat sich folgendes Verfahren zum Färben von Hölzern patentiren lassen.[1])

Man trägt auf Holz Metallsalzlösungen von geeignetem Gehalte vermittelst eines Pinsels auf oder auch auf andere geeignete Weise, lässt die so behandelten Hölzer 12 Stunden lang vollständig trocknen und führt dieselben hierauf in einen luftdicht verschliessbaren Raum ein, in welchen man Gase, wie z. B. Schwefelwasserstoff, Ammoniak, u. s. w., je nach der Verbindung, welche sie erzeugen sollen, einströmen lässt. Bei Anwendung von Schwefelwasserstoff kann man so erhalten:

Braun: aus Wismuthnitraten;
Gelb: aus Cadmiumsulfaten;
Goldgelb: aus Zinnchlorid;
Eisengrau bis Braun: aus Bleiacetat;
Grün, aus Chromsäurelösungen;
Roth: aus Antimonlösungen.

Die Kosten des Verfahrens sind sehr gering, da man mit 1 Kilogramm Lösung 10□m Holzfläche bestreichen kann; bei Anwendung der theuersten Lösungen von Braun, im Verhältnisse von 1:10 kostet 1□m $13^1/_2$ Pfennige, einschliesslich $33^1/_2$ Prozent Verlust. Man kann dabei auch die Hölzer mit beliebigen Mustern in verschiedenen Farben versehen. Die Farben werden durch Luft, Licht und Wasser nicht angegriffen, so dass die gefärbten Hölzer nach Belieben gereinigt werden können.

Die sehr billige Lösung von Eisenhydrooxyd in Eisenchlorid wird angewendet, um Fussböden, Treppenstufen und andere Gegenstände, welche einer starken Abnutzung ausgesetzt sind, vollständig zu durchtränken und mittelst

[1]) Oesterr.-ungar. Patent v. 9./9. 1881. Erloschen.

Ammoniak zu färben; das Holz ist dann auch viel schwerer brennbar als gestrichenes.

Eine ganze Reihe neuer Holzbeizen hat Dr. Franz Berger in Wien[1]) in Vorschlag gebracht und war sein Bestreben darauf gerichtet, solche Beizen vorzuschlagen, welche in Bezug auf ihre Haltbarkeit keinem Zweifel unterliegen, weil die Farbe nicht als solche durch Imprägniren oder Bestreichen dem Holze einverleibt wird, sondern erst auf demselben durch getrenntes Behandeln des zu beizenden Materiales mit zwei oder mehreren Substanzen zu erzielen ist. Ein besonderes Gewicht legt Berger auf die leichte Herstellungsweise, Vermeidung von Alkohol oder ähnlichen feuergefährlichen Stoffen, und auf den Kostenpunkt, weil er sich ganz richtig selbst sagte, dass der Werth der hergestellten Beizen nicht durch übermässig hohe Preise in Frage gestellt, sondern dieselben vielmehr den weitesten Kreisen zugänglich gemacht werden müssten.

Die Versuche betrafen ausser einigen wenigen farbigen und in der Holzfaser erzeugten Metallfällungen hauptsächlich die Prüfung der Verwendbarkeit des Alizarins zu diesem Zwecke und es hat sich herausgestellt, dass von hochroth angefangen alle Farbentöne durch Gelb und Braun bis Schwarz hervorgerufen werden können, je nachdem das Holz vor dem Behandeln mit der Alizarinlösung und der Lösung eines beliebigen Metallsalzes gebeizt worden war. Insbesondere werden jene Färbungen für die Praxis anwendbar sein, welche alle Nuancen von gelbbraun bis dunkelbraun herzustellen erlauben und

[1]) Mittheilungen des technolog. Gewerbe-Museums in Wien. Nr. 73 vom 15./1. 1886. p. 1.

sicherlich den Vorzug vor den verschiedenen Arten des Brunoleïns verdienen zumal ihre Herstellungskosten im Vergleiche mit diesen keine wesentlich höheren sind.

Berger hat folgende Färbungen mit den nachbenannten Verhältnissen und Metallsalzen erzielt.

Färbungen mit Alizarin.

Für die Alizarinlösung werden 50 Gramm des käuflichen Alizarins en pate (20 prozentiges Alizarin) mit 1 Liter Wasser verdünnt und diesem unter Umrühren tropfenweise Salmiakgeist bis zum starken Vorherrschen des Geruches nach letzterem zugesetzt. Preis per Liter 25 Pf.

1) Das zu beizende Holz mit dieser Lösung zweimal nach vorherigem Trocknen gestrichen lieferte folgende Färbungen:

Tannenholz gelbbraun, Ahornholz röthlichbraun, Eichenholz gelbbraun. Kosten per □m 20 Pf.

2) 10 Gr. krystallisirtes Chlorbaryum in 1 Liter heissem Wasser; Preis per Liter 2 Pf. Das zu beizende Holz wird zuerst mit dieser Lösung imprägnirt und nach dem Trocknen mit der Alizarinlösung. Nach nochmaligem abwechselndem Bestreichen resultiren nachstehende Färbungen:

Tannenholz braun, Ahornholz dunkelbraun, Eichenholz braun. Kosten per □m 22 Pf.

3) 10 Gr. krystallisirtes Chlorcalium auf 1 Liter heisses Wasser; Preis pro Liter 2 Pf. Nach Vorgang wie unter 2 ergeben sich die Färbungen:

Tannenholz braun (ähnlich gebrannter Siena), Ahornholz dunkelbraun, Eichenholz röthlichbraun. Kosten per □m 22 Pf.

4) 20 Gr. schwefelsaures Magnesium (Bittersalz) auf

1 Liter heisses Wasser; Preis per Liter 2 Pf. Vorgang wie früher.

Tannenholz dunkelbraun, Ahornholz dunkelviolettbraun, Eichenholz dunkelbraun. Kosten per □m 22 Pf.

Diese ersten vier Vorschriften eignen sich besonders zur Imitation von Alteichenholz.

5) 30 Gr. Alaun auf 1 Liter heisses Wasser; Preis per Liter 2 Pf.

Tannenholz hochroth, Ulmenholz dunkelroth, Ahornholz hochroth, Eichenholz blutroth. Kosten per □m 22 Pf.

Ohne wesentliche Preiserhöhung lässt sich hier mit Vortheil schwefelsaure Thonerde, 20 Gr. auf 1 Liter heisses Wasser statt Alaun benutzen.

6) 30 Gr. Chromalaun auf 1 Liter heisses Wasser; Preis per Liter 1 Mk.

Tannenholz röthlichbraun, Ulmenholz rothbraun, Ahornholz röthlichbraun, Eichenholz havannahbraun. Kosten per □m 22 Pf.

7) 25 Gr. schwefelsaures Mangan auf 1 Liter heisses Wasser; Preis per Liter 18 Pf.

Tannenholz dunkelviolettbraun, Ulmenholz dunkelviolettbraun, Ahornholz dunkelviolettbraun, Eichenholz dunkelbraun (nussartig). Kosten per □m 35 Pf..

8) 10 Gr. Eisenchlorid auf 1 Liter heisses Wasser; Preis per Liter 2 Pf.

Tannenholz dunkelgelbbraun, Ulmenholz gelblichschwarz, Ahornholz rauchbraun, Eichenholz gelbschwarz; Kosten per □m 22 Pf.

9) 20 Gr. krystallisirtes Eisenvitriol auf 1 Liter heisses Wasser; Preis per Liter 2 Pf.

Tannenholz röthlichschwarz, Ulmenholz gelblichschwarz, Ahornholz röthlichschwarz, Eichenholz schwarz; Kosten pro □m 22 Pf.

10) 25 Gr. krystallisirtes schwefelsaures Kobalt auf 1 Liter heisses Wasser; Preis per Liter 70 Pf.

Tannenholz lila, Ulmenholz dunkelbraun, Ahornholz amethystfarbig, Eichenholz dunkelnussbraun; Kosten per □m 72 Pf.

11) 25 Gr. krystallisirtes schwefelsaures Nickel auf 1 Liter heisses Wasser; Preis per Liter 20 Pf.

Tannenholz lila, Ulmenholz dunkelrothviolett, Ahornholz lila, Eichenholz dunkelrothbraun; Kosten per □m 35 Pf.

12) 25 Gr. krystallisirter Zinkvitriol auf 1 Liter heisses Wasser; Preis per Liter 5 Pf.

Tannenholz dunkelkirschroth, Ulmenholz und Ahornholz ebenso, Eichenholz dunkelrothbraun; Kosten per □m 25 Pf.

13) 25 Gr. krystallisirtes schwefelsaures Cadmium auf 1 Liter heisses Wasser, Preis per Liter 50 Pf.

Tannholz röthlichkaffeebraun, Ulmenholz kaffeebraun, Ahornholz rothbraun, Eichenholz kaffeebraun; Kosten pro □m 60 Pf.

14) 35 Gr. krystallisirter Bleizucker auf 1 Liter heisses Wasser; Preis per Liter 7 Pf.

Tannenholz rothviolett, Ulmenholz rothviolett, Ahornholz rothviolett, Eichenholz Bordeaux; Kosten pro □m 25 Pf.

15) 20 Gr. krystallisirtes Sublimat auf 1 Liter heisses Wasser; Preis per Liter 17 Pf.

Tannenholz röthlichbraun, Ulmenholz braun, Ahornholz rothbraun, Eichenholz kaffeebraun; Kosten per □m 35 Pf.

16) 20 Gr. krystallisirtes Kupfervitriol auf 1 Liter heisses Wasser; Preis per Liter 4 Pf.

Tannenholz rothviolett, Almenholz rothviolett, Ahornholz kirschroth, Eichenholz braunviolett; kosten per □m 25 Pf.

17) 20 Gr. krystallisirtes Zinnsalz auf 1 Liter heisses Wasser, welchem so viel Salzsäure zugesetzt wird, dass klare Lösung entsteht; Preis per Liter 7 Pf.

Tannenholz fernambukholzartig, Ulmenholz braun, Ahornholz weinroth, Eichenholz röthlichbraun; Kosten per □m 25 Pf.

18) 20 Gr. Brechweinstein auf 1 Liter heisses Wasser; Preis per Liter 8 Pf.

Tannenholz orangeroth, Ulmenholz dunkelbraun, Ahornholz orangeroth, Eichenholz kaffeebraun; Kosten per □m 28 Pf.

19) 15 Gr. salpetersaures Wismuth auf 1 Liter heisses Wasser, welchem Salpetersäure bis zur klaren Lösung zuzusetzen ist; Preis per Liter 35 Pf.

Tannenholz rothbraun, Ulmenholz dunkelbraun, Ahornholz dunkelkirschroth, Eichenholz dunkelnussbraun; Kosten per □m 48 Pf.

Zu den unter 17, 18 und 19 angeführten Vorschriften ist noch zu erwähnen, dass zuletzt wegen des Gehaltes an freier Säure ein Ueberstreichen mit starkem Salmiakgeiste nothwendig ist, um dieselbe zu binden, erst nach diesem Vorgange entwickelt sich die Farbe.

Beim Beizen wird so verfahren, dass zuerst mit einem Pinsel die, wenn möglich heisse Lösung des Metallsalzes aufgestrichen wurde, auf welche nach völligem Trocknen diejenige des Alizarins folgt. Bei eventueller Verstärkung des Farbentones wird wieder zuerst die Lösung des Metallsalzes und hierauf die des Alizarins angewendet.

Durch dieses abwechselnde Streichen ist man in den Stand gesetzt, eine gleichmässige Färbung der zu beizenden Fläche zu erzielen, während im anderen Falle oder bei Anwendung conzentrirter Lösungen Streifen und Flecke entstehen würden. Das Alizarin wird mit der nöthigen Menge Wasser und hierauf tropfenweise mit Salmiakgeist versetzt, bis ein starker Geruch nach letzterem vorherrschend war; diese dunkelviolette Lösung wird dann in kaltem Zustande aufgestrichen.

Alle vorgenannten Färbungen habe ich selbst erprobt und sind namentlich die braunen Färbungen durch reine und intensive Töne empfehlenswerth.

Ausser den hier angeführten Beizungsversuchen hat Dr. Berger auch noch solche mittelst rothem Blutlaugensalz und verschiedenen Metallsalzen angestellt und erhielt auch damit ganz brauchbare Färbungen; von den verwendeten Metallsalzen führe ich beispielsweise an:

1) 68 Gr. Manganvitriol auf 1 Liter heisses Wasser; Tannen-, Ahorn- und Eichenholz: Lichtdrappfarben.

2) 65 Gr. Eisenvitriol auf 1 Liter heisses Wasser; Tannenholz dunkelblau, Ulmenholz indigoblau, Eichenholz schwarz mit blauem Stich.

3) 65 Gr. krystallisirtes schwefelsaures Cobalt auf 1 Liter heisses Wasser; Tannen-, Ahorn- und Eichenholz lichtviolettbraun.

Weitere Färbungen entstehen mit einer gesättigten Lösung von Chlorkalk, welche kalt bereitet wird und gut verschlossen aufzubewahren ist. Auf Eichenholz wird aber die Färbung streifig und ein gleichmässiger Ton wird nur durch Uebergiessen ermöglicht.

Von grosser Bedeutung ist in den letzten 10 Jahren das Färben von Eichenholz geworden, um demselben bez. den dar ausgefertigten Möbeln und Einrichtungsstücken das Aussehen von altem Eichenholz — durch Alter dunkel gewordenem — zu geben. Die zur Färbung angewendeten Mittel sind höchst verschiedenartig, lassen sich aber der Hauptsache nach in zwei Klassen scheiden: in wirkliche Beizen, wässerige färbende Flüssigkeiten und in Anstrichmittel, Compositionen aus Asphalt, Theer, Wachs, Terpentinöl, Leinölfirniss und anderen ähnlichen Materialien. Während bei Anwendung der Beizen im eigentlichen Sinne des Wortes eine wirkliche Färbung der Holzfaser vor sich geht und man, um den matten Glanz zu erzielen, die betreffenden Stücke noch mit Oel oder Wachs einlassen muss, erreicht man mit den Anstrichmitteln Färbung und Glanz mit einmaligem Auftragen und dies wäre entschieden als ein Vorzug zu betrachten. Leider sind aber diese Anstrichmittel häufig von solcher Beschaffenheit, dass damit unschöne, die Textur des Holzes verschmierende Resultate erzielt werden und man in dieser Richtung schon Sünden begangen hat, welche sich nach einiger Zeit durch Unansehnlichkeit des gefärbten Möbelstückes bitter rächten. Ein Fehler der meistens begangen wird, ist, dass man im Allgemeinen zu dunkel färbt, wie es ja bei Anwendung des Theer und Asphalt nicht anders möglich ist. Sehr beliebte Mittel um das Eichenholz zu färben und mattglänzend zu machen, sind die sogenannten Brunoleine, Mattine, Holzimprägnirungen, u. s. w. in verschiedenen Farbentönen, welche, in verständiger Weise angewendet, recht hübsche Resultate erzielen, aber wenn sie von nicht kundigen Händen verarbeitet werden, auf dem Objecte eine Anzahl Flecken und Streifen verursachen, welche ein Abwaschen oder gar Abziehen unerlässlich erscheinen lassen.

Der Hauptübelstand aber, welchen diese Anstreichemittel zeigen, liegt bei Gebrauchsgegenständen darin, dass sich die dünne Schicht sehr schnell abscheuert und dann erstere fleckig erscheinen, das bei wirklichen Beizen nie der Fall ist.

Neben den unter den braunen Holzbeizen namhaft gemachten passenden Zusammensetzungen sind noch die folgenden Verfahrungsweisen empfehlenswerth.

Man löst 250 Gr. illyrische Potasche in $2_{,5}$ Kg. Wasser und streicht mit der möglichst heissen Lauge das Holz so an, dass dasselbe in allen seinen Theilen so gleichmässig als möglich erscheint. Sobald dieser Anstrich trocken geworden, bestreicht man das Holz mit einer Lösung von 110 Gr. Pyrogallussäure in 5 Kg. Wasser, ebenfalls kochend, und schon nach wenigen Minuten erscheint eine schöne feurige braune Färbung; je nachdem man in der Menge des zur Auflösung verwendeten Wassers von der Vorschrift abweicht, erhält man lichtere oder dunklere Farbentöne.

Eine Lösung von doppeltchromsaurem Kali erzeugt auf Eichenholz eine sehr schöne braune Färbung und auch mit diesem Salz und einer Abkochung von Catechu in Wasser lassen sich unterschiedliche beliebige Nüancen erzielen.

Th. Wegler empfahl zur schönen und dauerhaften Färbung von Eichenholz dasselbe mittelst eines Borstenpinsels einmal mit einer Lösung von schwefelsaurem Eisenoxyd zu bestreichen, die möglichst frei von überschüssiger Säure und mit Wasser auf 2 bis $2^1/_2{}^0$ B. verdünnt ist; nach dem Trocknen erscheint der Anstrich blaugrau, erhält aber durch einen Anstrich mit Leinölfirniss einen sehr angenehmen, hellbraunen Ton und

Glanz. Statt der Lösung von schwefelsaurem Eisenoxyd kann ebenso gut eine sehr verdünnte Eisenvitriollösung von 1 bis $2^1/_3$% Gehalt verwendet werden. Soll das Eichenholz eine dunkelbraune Färbung erhalten, so wird es mit einer der obigen Eisensalzlösungen einmal angestrichen und nach dem Trocknen mit übermangansaurem Kali behandelt. Ist dieser Anstrich getrocknet, so erscheint das Holz dunkelbraun gefärbt und kann man hierauf noch einen Anstrich von Leinölfirniss geben, wodurch die Farbe noch schöner und glänzender wird.

Talbert gab folgende Anleitung zum Dunkelfärben von Eichenholzmöbeln: Man stelle die fertigen Möbel in einen kleinen Raum, wenn möglich ohne Fenster und verklebe alle vorhandenen Ritzen und Löcher in den Wänden und der Thüre. Ehe man letztere schliesst, stelle man eine grosse Schale mit Salmiakgeist in den Raum und trage Sorge dafür, dass kein Möbel die Wand berühre. Die Farbe wird um so dunkler, je länger man die Gegenstände in dem Raum belässt und je conzentrirter der Salmiakgeist genommen wird. Ein Tag ist hinreichend, damit die aus der Schale sich entwickelnden Dämpfe des Ammoniak das Holz genügend bräunen. Es beruht diese Art der Beizung darauf, dass der Gerbstoff des Eichenholzes sich mit den ammoniakalischen Dämpfen verbindet und unter Sauerstoffaufnahme sich bräunt. Ein ganz besonderer Vorzug dieses Verfahrens ist, dass jeglicher Arbeitslohn für das Beizen wegfällt, dass eine absolut gleichmässige Färbung ohne irgend welche Flecken erhalten wird und dass die gebeizten Objecte einen seidenartigen Glanz und eine Glätte haben, wodurch jedes Einlassen mit Wachs, Firniss oder dgl. vollkommen überflüssig erscheint. Ausdrücklich muss hier bemerkt werden, dass nur die ammnoiakalischen Dämpfe im Stande sind, zur Färbung verwendet zu werden und beim Auftragen des flüssigen Salmiakgeistes wohl eine Färbung entsteht, gleichzeitig aber auch die Poren in einer Weise aufgezogen werden, wie dies nicht leicht eine andere Flüssigkeit oder Salzlösung verursacht.

Ein sehr grosser Uebelstand beim Färben von Eichenholz ist der, dass angesichts der vielen verwendeten Färbemittel eine unendliche Verschiedenheit der einzelnen Farbentöne platzgegriffen hat und dass es den Tischlern fast unmöglich geworden ist, zu verschiedenen Zeiten eine und dieselbe Färbung zu erzielen. Handelt es sich z. B. darum, nach längerer Zeit ein Möbelstück zu erzeugen, welches einem früher gelieferten in der Färbung gleich sein soll, so ist der Tischler nicht im Stande, dieselbe Färbung zu erreichen, weil er in den meisten Fällen nicht mehr die Zusammensetzung seines damaligen Färbemittels weiss und da muss dann die Ausrede gelten, es sei ein anderes Holz. Ich gestehe zu, dass in der Färbung des Naturholzes, je nach dem Stande des Baumes, Verschiedenheiten vorkommen und dass auch die chemische Zusammensetzung (grösserer oder geringerer Gerbstoffgehalt) verschieden ist, aber bei fachgemässem und verständigem Beizen lassen sich diese Umstände leicht paralysiren, wenn man das Holz näher untersucht und ein Stück eines ganz dunklen Holzes beispielsweise nicht mit derselben conzentrirten Beize wie das helle Holz färbt, sondern solche, soweit als nöthig um einen gleichmässigen Ton zu erzielen, verdünnt.

Die ungleichmässige Färbung von Möbelstücken sagt, Andés, ein Fachmann auf dem Gebiete der Holzfärberei,[1]) ist ein Uebelstand, welcher in der Praxis grell zn Tage tritt und welcher in erster Linie darauf zurückzuführen ist, dass gewöhnlich 1) die verschiedenartigsten Färbemittel (Färbemittel und nicht Beizen, weil letztere seltener angewendet werden) — in Gebrauch kommen, um den einen oder den anderen Farbenton hervorzurufen; 2) dass bei der Bereitung der Färbemittel nicht mit der nöthigen Sorgfalt vorgegangen wird; 3) dass man die Mengenverhältnisse der einzelnen Bestandtheile nicht genau einhält und auch hinsichtlich dieser Bestandtheile nicht alle Sorgfalt walten lässt; 4) dass man auch in der Aufbringung der Färbemittel nicht immer gleichmässig vorgeht und in seltenen Fällen die abgelieferten gebeizten Objecte so in Evidenz geführt werden, wie es nöthig ist, dass man noch nach Jahren genau nachweisen kann, mit welchen Färbemitteln gearbeitet wurde; 5) endlich, dass eine gewisse Sucht vorhanden ist, immer neue, wenn auch nicht schöne und dauerhafte Färbungen zu bringen. Es wird um allen diesen Uebelständen zu begegnen, die Aufstellung einer Normalbeizfarbenscla empfohlen, welches unter folgenden Bedingungen zu geschehen hätte: 1) Zur Farbenscala darf nur Holz, nicht aber Papier benutzt werden, da auf letzterem die verschiedene, je nach der Holzart eigenthümliche Wirkung nicht zu Tage tritt. 2) Die Farbenscala besteht nur aus Fichten, (Tannen), Buchen, lichtem und dunklem Nuss- und Eichenholz, ist aus Brettchen von 25 cm Länge, 9 cm Breite anzufertigen, zu welchen selbstverständlich nur schönes, splintfreies Holz verwendet werden darf. 3) Die Brettchen sind zuerst mit Bimsstein

[1]) Mittheilungen des technolog. Gewerbe-Museums No. 65 v. 15./5. 1885. pag. 65.

und Wasser gut zu schleifen, um auch bei Anwendung solcher Beizen, welche sonst die Fasern des Holzes aufziehen, eine ebene und vollkommen glatte Fläche zu erzielen. 4) Die Färbemittel und Beizen sind kalt in je vier verschiedenen Conzentrationsgraden auf die Hölzer aufzubringen, gut zu trocknen und hierauf mit a) Wachs und Terpentinöl, b) Leinöl, c) Politur einzureiben, so dass ein matter Glanz entsteht. 5) Die gebeizteu Brettchen sind mit fortlaufenden Nummern, welche mit den angewendeten Färbemitteln genau correspondiren, zu versehen. Die so hergestellten Brettchen bilden nun die Normalbeizfarbenscala und es ist, um zu den verschiedensten Zeiten und an den verschiedensten Orten stets ein gleiches Resultat zu erzielen, nur nöthig in dem Calculations- oder Facturenbuche den Zusatz zu machen: Gebeizt mit No.......... der Normalbeizfarbenscala. Die Veränderungen, welche mit der Farbe der gebeizten Objecte im Verlaufe der Zeit vor sich gehen, sind nicht sehr bedeutend und wohl auch so bekannt, dass sich immerhin annähernd bestimmen lässt, ob die Färbung heller oder dunkler geworden sein mag, wenn die Natur des Färbemittels bekannt ist. Im Allgemeinen nehmen alle mit Fett oder Oel (also auch mit Brunolein, Firniss, Theer, Asphalt oder Wachs) behandelten Hölzer im Verlaufe der Zeit einen dunkleren Farbenton an, während die mit übermangansaurem Kali erzielten Färbungen, sowie die mit doppeltchromsaurem Kali erhaltenen wenig abblassen, ohne jedoch ihren charakteristischen Farbenton zu verlieren.

Die zum Färben in Vorschlag gebrachten Mittel sind[1]):

1. Uebermangansaures Kali (10 Theile in

[1]) Normalbeizfarbenscala; Verlag des Musterlagers der k. k. Fachschulen in Wien 1885.

100 Theilen Wasser, 2 mal aufgetragen; dasselbe 1 mal aufgetragen; 10 Theile in 300 Theilen Wasser.

2) Doppeltchromsaures Kali (10 Theile in 150 Theilen Wasser; 10 Theile in 250 Theilen Wasser; 10 Theile in 350 Theilen Wasser).

3) Kasselerbraun-Potasche. (150 Wasser, 5 Potasche, 10 Kasselerbraun, 2 mal aufgetragen; ebenso 1 mal aufgetragen; 350 Wasser, 10 Kasselerbraun, 5 Potasche).

4) Doppeltchromsaures Kali-, Catechu. (10 doppeltchromsaures Kali, 150 Wasser hierauf; 10 Catechu, 200 Wasser; 10 doppeltchromsaures Kali, 300 Wasser, hierauf 20 Catechu, 400 Wasser; 10 doppeltchromsaures Kali, 450 Wasser, hierauf 20 Catechu, 200 Wasser).

5) Pyrogallussäure-Potasche. (5 Pyrogallussäure, 150 Wasser, hierauf 10 Potasche, 150 Wasser; 5 Pyrogallussäure, 300 Wasser, hierauf 10 Potasche, 300 Wasser; 5 Pyrogallussäure, 150 Wasser, hierauf 10 Potasche, 450 Wasser).

6) Alizarin-Ammoniak. (10 Alizarin, 20 Wasser, hierauf concentrirter Salmiakgeist; 10 Alizarin, 30 Wasser, hierauf 1 Ammoniak, 20 Wasser; 10 Alizarin, 40 Wasser, hierauf 1 Ammoniak, 30 Wasser).

7) Nussbeize in Körnern von Megerle in Wien und Friedberg. (10 Nussbeize, $^1/_5$ Aetzkali, 50 Wasser; 10 Nussbeize, $^1/_5$ Aetzkali, 100 Wasser; 10 Nussbeize, $^1/_5$ Aetzkali, 150 Wasser).

8. Wachs, Theer, Terpentinöl. (30 Wachs, 25 Theer, 50 Terpentinöl; 30 Wachs, 25 Theer, 100 Terpentinöl; 30 Wachs, 25 Theer, 150 Terpentinöl.)

9—12) Brunolein in verschiedenen Färbungen.

13) Kieferlasur von W. Megerle in Wien und Friedberg.

14—16) Holzimprägnirung in verschiedenen Färbungen von L. Gromanns Sohn in Wien.

17) Holzfüller braun.

18) Asphaltlack (aus 2 Theilen Asphalt, 1 Leinölfirniss, $3^1/_2$ Terpentinöl; 1 Theil Asphaltlack, 1 Theil Terpentinöl; 1 Theil Asphaltlack, 2 Theile Terpentinöl).

19) Salmiakgeist.

20) Weisses Wachs, Asphalt, Terpentinöl (10 Wachs, 10 Asphalt, 40 Terpentinöl; 10 Wachs, 10 Asphalt, 40 Terpentinöl, 30 Schellackpolitur); 10 Wachs, 10 Asphalt, 40 Terpentinöl, 60 Schellackpolitur).

21) Eisenvitriol, übermangansaures Kali (20 Eisenvitriol, 200 Wasser, hierauf 1 übermangansaures Kali, 40 Wasser).

22) Steinkohlentheer (1 Steinkohlentheer, 1 Terpentinöl; 1 Steinkohlentheer, 2 Terpentinöl).

23) Eisenvitriol-Pyrogallussäure (10 Eisenvitriol, 50 Wasser, hierauf 10 Pyrogallussäure, 300 Wasser).

24) Schwefelleber-Alizarin (10 Schwefelleber, 100 Wasser, hierauf 1 Alizarin, 15 Wasser).

25) Scheidewasser mit einem Schwamm aufgetragen und in einem erwärmten Raum getrocknet.

26) Anilinbraun in Wasser gelöst.

27) Chromalaun, doppeltchromsaures Kali (1 Chromalaun, 10 Wasser, hierauf 2 gelb-chromsaures Kali, 10 Wasser).

Die auf diese Weise erzielten Färbungen sind sehr verschiedenartig und müssen bei den nach Vorschrift 1, 2, 3, 4, 5, 6, 7, 13, 17, 21, 23, 24, 25, 26, 27 noch mit farblosem Brunolein, Leinöl, Firniss oder Wachssalbe eingerieben und hierauf geglänzt werden, während die übrigen durch leichtes Abreiben mit einem Tuche oder einer Bürste Glanz erhalten.

Die Bereitung der Beizen

erfordert, so einfach und leicht dieselbe auch im Allgemeinen ist, doch immerhin Aufmerksamkeit und vor allen Dingen strenge Einhaltung der hier zu gebenden Anweisungen, sowohl hinsichtlich der Mengen, als auch der zu verwendenden Chemikalien, wenn dieselben gute Resultate liefern sollen. Aus diesem Grunde wären einige chemische Kenntnisse für jeden Holzfärber unbedingt nöthig;[1]) da er dieselben jedoch wohl nur in den seltensten Fällen besitzt, so muss den Fehlern, welche aus dieser Unkenntniss entstehen können, dadurch begegnet werden, dass man sich streng daran hält, was das Rezept vorschreibt und nicht vielleicht Chemikalien wählt, welche gleichartig und ähnlich lauten, aber eine ganz andere als die beabsichtigte Wirkung hervorbringen. Um nur ein Beispiel anzuführen, sei hier erwähnt, dass es zwei Arten von Eisensalzen, die Eisenoxyde und die Eisenoxydulsalze giebt, dass ferner von Blutlaugensalz gleichfalls zwei Arten, das rothe und das gelbe, existiren. Es ist nun durchaus nicht gleichgiltig, ob man zur Erzeugung einer blauen Farbe im Holze das eine oder das andere Eisensalz und das eine oder das andere Blutlaugensalz nimmt. Ein Eisenoxydulsalz, z. B. Eisenvitriol, wird mit rothem Blutlaugensalz immer einen blauen Farbstoff (Pariserblau), ein Eisenoxydsalz aber immer nur eine braune Färbung geben. Es könnten noch zahlreiche Beispiele angeführt werden, welche darthun, dass mangelnden chemischen Kenntnissen nur durch grösste Aufmerksamkeit bei Herstellung der Beizen begegnet werden kann. Bei den vegetabilischen Farben ist die Kenntniss ihrer Behandlung und ihrer Eigenschaften von ebenfalls grosser Wichtigkeit und tritt

---

[1]) Godeffroy. Mittheilungen des technol. Gew. Museum Wien 1881.

hier namentlich ihr Verhalten gegenüber chemischen Agentien in den Vordergrund. Die Gegenwart der kleinsten Menge einer Säure oder eines sauren Körpers oder eines Laugensalzes (Potasche, Soda, Kalk etc.) ändert die Farbe in eine Nüance tiefer oder höher.

Die Wahl des Lösungsmittels, ob gewöhnliches Wasser oder Spiritus, die Wahl des Kochgefässes (Eisen, Kupfer, Thon), in welchem die Farbebrühe erzeugt wird, oder der betreffende Gegenstand gebeizt werden soll, die Dauer des Kochens u. s. w. haben oft einen grossen Einfluss auf die Farbe. Diese scheinbar unwichtigen Umstände werden viel zu wenig beachtet, wodurch eben es nur zu häufig vorkommt, dass Farbbrühen, beziehentlich Färbungen nicht so ausfallen, wie es erhofft wurde. Zum Bereiten der Beizen verwendet man am besten emaillirte eiserne oder gewöhnliche irdene Geschirre; der Gebrauch eiserner nicht emaillirter, oder kupferner Gefässe ist nach Thunlichkeit zu vermeiden, da namentlich Eisen Einfluss auf die Färbung haben kann. Die verwendeten Geschirre reinige man jedesmal nach Gebrauch sofort; werden Salze in Wasser aufgelöst, so warte man deren vollständige Lösung ab, werden aus vegetabilischen Farbstoffen die Farben mit Wasser ausgezogen, oder Farbholzextracte aufgelöst, so filtrire man die erhaltene Farbebrühe nach der Bereitung, weil feste Theile in derselben die Beizung fleckig erscheinen lassen. Ferner sehe man darauf, dass da, wo es vorgeschrieben ist zu kochen, die Flüssigkeit auch wirklich auf Siedetemperatur kommt und man nicht etwa erwärme. Andererseits erwärme man wieder nicht, wenn es nicht vorgeschrieben ist, oder wenn die Salze sich ohnehin sehr leicht lösen, wie z. B. das übermangansaure Kali, welches sich beim Kochen zersetzt.

Die hier angegebenen Rezepte für die Darstellung der Beizen zum Färben des Holzes sind alle praktisch erprobt und gewähren eine leichte, rasche und dauerhafte Färbung. Wenn wir in vielen Schriften über Holzfärberei eine grosse Anzahl der verschiedenen Beizen finden, so ist dies noch kein Beweis, dass mit denselben auch gute Resultate erzielt werden; es sind vielmehr unter denselben viele werthlos, weil unzuverlässig und nicht mehr zeitgemäss, und hat Professor Godeffroy[1]) den Werth dieser Schriften sehr treffend charakterisirt, indem er sagt: „Bei der Schnelligkeit, mit welcher heutigen Tages Bücher geschrieben werden, mag hier und da ein Fehler sich einschleichen, aber ein so grenzenloser Leichtsinn, wie er in den Büchern für Holzfärberei herrscht, ist denn doch nicht erlaubt."

Braune Beizen.

Die braunen Beizen sind wohl die am häufigsten verwendeten und die Auswahl unter ihnen eine sehr grosse, wobei aber nicht behauptet werden kann, dass sie alle auch zweckmässig und zeitgemäss seien. Eine der am einfachsten und billig herzustellenden und sehr verwendbaren braunen Beize ist die aus Kasslerbraun, Potasche und Wasser. Man löst 10 Gramm Potasche in 520 Gramm Wasser, macht die Lösung kochend und trägt in diese kochende Flüssigkeit nach und nach 50—100 Gramm gutes Kasslerbraun ein; dieses löst sich vollkommen in der Lauge auf und man hat nur noch durch Leinwand zu coliren und die Beize ist zur Verwendung bereit. Sie lässt sich beliebig mit Wasser verdünnen und jahrelang unverändert aufbewahren.

---

[1]) Mittheilungen des technolog. Gewerbemuseum in Wien. 1882. pag. 54.

Eine Auflösung von übermangansaurem Kali (1 Theil in 16 Theilen Wasser) eignet sich ganz vorzüglich zum Beizen des Holzes[1]), da sie gestattet, die lichtesten wie die dunkelsten Töne durch einfache Verdünnung mit Wasser hervorzurufen und ihre Bereitung und Anwendung eine höchst einfache ist. Man bestreicht die zu beizenden Gegenstände mit der je nach der gewünschten lichteren oder dunklen Farbe verschieden conzentrirten Lösung des übermangansauren Kali und kann damit fast schwarzbraune Töne erzielen. Birnen-, Ahorn- und Kirschbaumholz lassen sich am leichtesten beizen, doch erzielt man auch auf Fichten- und Tannen-, sowie auf Buchen- und Eichenholz einen sehr schönen Effect. Das übermangansaure Kali giebt den Hölzern eine licht- und luftbeständige Farbe, die sich auf eine chemische Veränderung gründet, indem ersteres mit der Holzfaser eine chemische Verbindung eingeht, bei der sich braunes Mangansuperoxydhydrat in der Faser niederschlägt, welches unter Einwirkung des gleichzeitig frei werdenden Alkalis dauernd in der Holzfaser fixirt wird. Nach der Beizung wird das Holz gut mit Wasser abgewaschen. Die Beize lässt sich auch auf schon geleimte, ja selbst mit Politur grundirte Arbeiten anwenden, ist aber nicht säurebeständig und genügt schon die schwächste Säure, um die braune Farbe sofort verschwinden zu lassen. Eine viel sattere Färbung als die mit der Chamäleonlösung erhält man aus einer Mangansalzlösung auf folgende Weise[2]). Aus einer neutralen Mangansalzlösung wird in Siedehitze durch eine Kaliummonochromatlösung ein tief-

---

[1]) Vollendungsarbeiten der Holzindustrie. pag. 51.

[2]) Chemiker-Zeitung 1887 No. 13. pag. 99.

brauner, fast schwarzer Niederschlag gefällt, welchen man zur Erzielung eines satten Braun auf Holz benützen kann, indem man das Holz erst mit einer Manganvitriollösung beizt, dann mit Kaliummonochromat überstreicht und schliesslich bei etwas höherer Temperatur trocknet. Auch Jodtinctur giebt eine schöne braune Färbung, ist aber, um für die Praxis Werth zu haben, zu theuer und die Anwendung von Scheidewasser ist wegen der unbedingt nöthigen Erwärmung des Holzes nicht gut möglich. Dagegen kann mit Catechu und doppeltchromsaurem Kali eine sehr schöne braune Färbung auf Holz erlangt werden, wenn man die Lösungen beider Stoffe jede für sich auf dasselbe aufbringt und dabei beachtet, dass dieselben nicht zu conzentrirt seien. Gelbes Blutlaugensalz und essigsaures Uran, beide in Lösung, erzeugen einen schönen braunen Niederschlag auf Holz. Man bestreiche das Holz zuerst mit der gelben Blutlaugensalzlösung, hierauf nach dem Trocknen mit einer ganz verdünnten essigsauren Uranlösung (eine einprozentige Lösung dieses Salzes genügt schon). Durch Verdünnen der gelben Blutlaugensalzlösung kann man auch verschiedene Schattirungen in Braun hervorrufen.[1]) Gelbes Blutlaugensalz und Kupfervitriol, beide in Lösung, geben einen rothbraunen Niederschlag und können auch diese beiden Salze, wie oben angewendet, zum Beizen von Holz benützt werden. Auch Rhodankalium und eine rostige Eisenvitriollösung lassen sich als Färbemittel benutzen; ferner dienen als braune Beizen eine Abkochung von ordinärem Rauchtabak in Wasser,

[1]) Mittheilungen des technolog. Gewerbemuseum in Wien. 1881. pag. 55.

in dem ein wenig Pottasche gelöst wurde, eine Auflösung von Sepia in verdünnter Salpetersäure; eine braune Färbung mit metallischem Schimmer erhält man durch Auftragen von wässerigen Lösungen von Gelbbeeren, Bleizucker und endlich Schwefelammonium. Behandelt man Holz zuerst mit einer 20 %igen Lösung von käuflichem Alizarin in Wasser und überfährt es dann mit verschiedenen Salzlösungen, so erhält man auch braune Färbungen, die den Vortheil der Echtheit und Unzerstörbarkeit besitzen; so mit Kali- oder Ammoniak-Alaun ein bräunliches Roth, mit Chromalaun braunroth, mit doppelt Chlorzinn braungelb und hat hier der intelligente Holzfärber noch ein weites Feld vor sich.

Sehr billige, schöne und haltbare braune Beizen lassen sich auch aus grünen Nussschalen und aus verfaulten Nussbaumwurzeln erzeugen. Man sammelt im Herbste die grünen Schalen der reifen Wallnüsse, zerdrückt sie etwas und bringt sie an einem feuchten Orte auf Haufen, sie durch etwa 2 Monate der Fäulniss überlassend. Nach dieser Zeit stösst man die fermentirten Schalen in einem Mörser, bringt sie mit ihrem doppelten Gewichte Wasser und einigen Stückchen Alaun in einem Topfe zum Sieden und erhält auf diese Weise eine ganz vorzüglich schöne Beize, die den grossen Vortheil der Billigkeit hat. Die verfaulten Nussbaumwurzeln werden ganz ebenso behandelt und geben ebenfalls schöne und haltbare Färbungen. Auch Kalkbrei, den man mit Salmiakgeist angerührt hat (die älteren Bücher, welche sich mit Holzfärberei beschäftigen, empfehlen Urin) und auf das zu färbende Holz aufträgt oder dieses in denselben hineinsteckt, giebt namentlich harten Hölzern einen warmen braunen Ton, eignet sich aber speziell nur für

Drechsler, weil es nicht gut angeht, den nassen Kalkbrei auf geleimten Stücken längere Zeit liegen zu lassen. Endlich wären noch die braunen Anilinfarben zu erwähnen, welche man in spirituöser oder wässeriger Lösung ebenfalls zum Braunfärben verwenden kann.

Schwarze Beizen von Dr. Berger.[1])

Es wird eine Lösung der Vanadinsäure in Salpetersäure bereitet, dieselbe filtrirt und solange mit Salmiakgeist versetzt, als die grüne Lösung noch klar bleibt. Durch diese so bereitete Flüssigkeit werden auf den vorher mit Tannin gebeizten Hölzern (20 Gr. Tannin auf 1 Liter Wasser) schwarze Färbungen mit grünem Stiche erhalten.

Eine tiefschwarze Farbe wird auf allen Holzarten erzeugt, wenn man anstatt der Vunadinsäure eine Lösung von 20 Gramm vanadinsaurem Ammon in 1 Liter heissem Wasser verwendet; Preis eines Liters dieser Lösung 7 Mk. Die zuerst mit Tannin imprägnirten Gegenstände werden nach völligem Trocknen mit der letztgenannten Flüssigkeit überstrichen und brauchen nun nach neuerlichem Trocknen nur wieder mit der Tanninlösung behandelt zu werden, um sofort tiefschwarz zu erscheinen. Die Kosten des Quadratmeter stellen sich auf Mk. 2.20.

Schwarze Beize von Professor Dr. Godeffroy in Wien.[2])

Derselbe hat eine schwarze Beize zusammengesetzt, die sowohl in Bezug auf Schnelligkeit der Wirkung, als auch Intensität und Haltbarkeit allgemeine Anwendung verdient. Man löst 100 Gr. salzsaures Anilin in 1500 Gr.

[1]) Mittheilungen des technolog. Gewerbemuseum in Wien. No. 73. v. 15./1. 1886. pag. 7.

[2]) Oesterr. Apothekerzeitung 1880.

($1^1/_2$ Liter) Wasser, setzt 2 Gr. Kupferchlorid hinzu und trägt diese Flüssigkeit heiss auf den zu beizenden Gegenstand auf. Nach dem Trocknen werden die Gegenstände noch mit einer Lösung von 10 Gr. doppeltchromsaurem Kali in 200 Gr. Wasser überstrichen und es erscheint beim Trocknen in der Wärme das schönste Schwarz. Diese Beize ist und bleibt lichtbeständig, Säuren und Chlor haben keine Einwirkung auf dieselbe und sie bleibt unter allen Umständen tiefschwarz.

Schwarze Beizen aus Blauholz und Blauholzextract.

Tiefschwarze, licht- und luftbeständige Färbungen auf Holz erhält man mit Abkochungen von Blauholz oder Auflösungen von Blauholzextract in Wasser und nachheriges Ueberstreichen mit wässerigen Lösungen von Eisenvitriol, salpetersaurem Eisen, Kupfervitriol, doppeltchromsaurem Kali etc. Man verfährt hierbei in der Weise, dass man Blauholz oder Blauholzextract mit Wasser kocht, hierauf durchseiht, die Farbebrühe möglichst heiss auf das Holz aufbringt, trocknen lässt und nach dem Trocknen mit einer heissen Lösung obengenannter Salze überstreicht. Im Falle die erzielte Schwärze nicht genügend tief wäre, muss man die Prozedur noch einmal wiederholen. Um eine flüssige schwarze Beize herzustellen, welche sich aufbewahren und zu beliebiger Zeit verwenden lässt, verfährt man folgendermassen. Man übergiesst 200 Gramm Blauholzextract mit 600 Gramm kochendem Wasser, filtrirt nach erfolgter Auflösung und setzt nun 10 Gramm gelbes chromsaures Kali in Wasser gelöst hinzu. Damit ist die Beizflüssigkeit, eine Chromtinte, fertig. Sie hat eine schöne violettblaue Farbe, wird aber, auf Holz gestrichen, in kurzer Zeit tiefschwarz.

Professor Runge giebt das Verhältniss für Chromtinte wie folgt an: Aus 125 Gramm Blauholz soll man 1000 Gramm Absud bereiten und demselben 1 Gramm doppeltchromsaures Kali hinzusetzen. In allen Fällen darf letzterer Zusatz nur in kaltem Zustande erfolgen, weil sich sonst ein schwarzer Niederschlag bildet. Um Fournire schwarz zu beizen kocht man dieselben eine halbe Stunde lang in einer 8—10%igen Aetznatronlösung, lässt sie in derselben 24 Stunden lang liegen, wäscht sie mit heissem Wasser gut aus und bringt sie nun in eine heisse, conzentrirte Blauholzabkochung, worin sie 24 Stunden lang bleiben. Hierauf lässt man sie etwas abtrocknen und taucht sie nun in eine etwa 40—45° C. warme Lösung von Eisenvitriol in 30 Theilen Wasser, in welcher man sie wieder 24 Stunden verweilen lässt. Dann werden sie nochmals abgewaschen und zum Trocknen zwischen Blätter von starker Pappe gelegt, worauf man sie mit diesen unter eine Presse bringt. Die auf diese Weise gefärbten Fournire übertreffen an Tiefe ihres Schwarz die besten Pariser Producte weitaus.

Graue Beizen.

Die in den holzverarbeitenden Gewerben bisher angewendeten grauen Beizen sind nicht mehr zeitgemäss und lassen sich vortheilhaft durch andere, bessere ersetzen. Zu den älteren derartigen Färbungsmethoden zählt beispielsweise die mit Orlean und salpetersaurem Eisenoxyd, mit Galläpfeln, Eisenvitriol und Alaun, mit sogenanntem Schleifsand, dessen färbende Wirkung auf den in demselben enthaltenen Eisensalzen beruht, u. a. m. Wenn es sich darum handelt, in der kürzesten Zeit eine graue Färbung zu erzielen, verwende man nur Pyrogallussäure und Eisenvitriol, zwei chemische Agentien, welche sich sehr rasch in Wasser lösen, und eine beliebige Nüancirung des Farbentones gestatten. Man löse 10 Gr. Pyrogallussäure in 200 Gr. kochendem Wasser, überstreiche damit das zu färbende Holz, lasse trocknen und bringe dann eine heisse Lösung von 10 Gr. Eisenvitriol in 250 Gr. Wasser auf. Je nachdem man die eine oder die andere Lösung conzentrirter oder verdünnter macht, erhält man verschiedene Töne und je conzentrirter die Pyrogallussäurelösung gehalten wird, um so dunkler fallen die Färbungen aus. Mit rostigen Eisenvitriollösungen resultiren gelbgraue Farben. Auch kann man zum Graufärben die unter den schwarzen Beizen genannten Blauholzabkochungen und Kupfer- oder Eisensalze verwenden, wenn man dieselben entsprechend verdünnt.

Die lebhaften Farben.

Gelb, Blau, Grün, Roth, Violett in ihren unendlichen Abstufungen, werden heute fast ausschliesslich mit Anilinfarben hervorgerufen; eine Ausnahme machen vielleicht noch Gelb und Blau, von denen besonders erstere Farbe sich mit Curcumae, Gelbbeeren, doppeltchromsaurem Kali sehr billig herstellen lassen. Curcumae zieht man am besten in gemahlenem Zustande mit Alkohol aus, kann sie aber auch mit Wasser auskochen; Gelbbeeren werden gestossen oder gemahlen mit einem kleinen Zusatze von Alaun in Wasser ausgekocht und die erhaltenen Beizen filtrirt; Chromsaures Kali, welches für Eichen- und Nussholz nicht benutzt werden darf, ist einfach in Wasser aufzulösen. Blaue Färbungen erhält man mittelst mit Wasser verdünntem Indigo-Carmin oder durch Fällung einer auf das Holz aufgebrachten Lösung von rothem Blutlaugensalz mit Eisenvitriollösung, Grüne durch Vermischen eines Curcumae- oder Gelbbeeren-Auszuges mit

Indigo-Carmin, aber es sind alle diese Färbungen weit einfacher, rascher und mit Rücksicht auf die grosse Ausgiebigkeit in vielen Fällen weit billiger mit Anilinfarben herzustellen. Es lassen sich mit ganz geringen Mengen dieser Farbstoffe höchst ausgiebige Beizflüssigkeiten rasch und bequem bereiten, und was immer gegen die Anwendung der Anilinfarben eingewendet werden kann, eines kann niemand bestreiten, dass die schönsten und verschiedenartigsten Farbennuancen nur mit diesen Farben erzielt werden. Schon aus diesem letzteren Grunde allein wäre, wenn schon gar nichts anderes für ihre Anwendung spräche, diese überall durchzuführen.

Die Ausführung des Färbeprozesses gestaltet sich ebenso einfach wie die der Bereitung der Färbeflüssigkeiten. Um diese letzteren darzustellen, hat man eben nur die betreffende Anilinfarbe (oder besser gesagt Theerfarbstoff) in Spiritus oder Wasser aufzulösen und die erhaltene Lösung zu filtriren, da in derselben allenfalls vorhandene feste Theilchen des Farbstoffes beim Beizen Flecken verursachen würden. Die Theerfarbstoffe werden spirituslöslich und wasserlöslich geliefert, doch werden wohl fast ausschliesslich die letzteren zum Färben des Holzes verwendet werden müssen, weil Spiritus als Lösungsmittel zu theuer ist, wenn auch die mit letzterem bereiteten Lösungen rascher, tiefer und gleichmässiger in das Holz eindringen. Die Aufbringung der Beizen erfolgt in der gewöhnlichen Weise durch Einlegen des Holzes in dieselbe oder durch Auftragen mit einem Pinsel oder Schwamm; ob eine vorherige Präparation des Holzes zu erfolgen hat, entscheidet der Zweck der Färbung, ob nämlich die Hölzer dem Einflusse direkten Sonnenlichtes unterliegen. Die Präparirung des Holzes erfolgt entweder mit Türkischrothöl, oder mit einer 1 % igen wässerigen Tanninlösung oder mit einer Lösung von 33 Gr. weisser Olivenölseife (Marseillerseife) in 1,5 Liter kochendem Wasser.

Der ausserordentlichen Einfachheit der Bereitung der Beizen halber, gebe ich hier keine besonderen Anleitungen; im allgemeinen werden, um eine satte Färbung des Holzes zu erzielen etwa 2 Prozent des Farbstoffes in Lösung genügen; erforderlichen Falles setzt man mehr von demselben hinzu oder verdünnt die Lösung bis zu dem gewünschten Grade mit Wasser. Ein ausserordentlicher Vorzug der Theerfarbstoffe liegt auch noch darin, dass man mit wenigen Grundfarben, die unterschiedlichsten Nuancen erzielen kann. Besitzt man conzentrirte Auflösungen von Roth, Blau und Gelb, so kann man sich in wenigen Minuten jede beliebige Farbe, also violett, grün, grau, orange, in jeder beliebigen Nuance herstellen, indem man die Farben einfach zusammenmischt. Eine Aufzählung aller möglichen Nuancirungen würde hier zu weit führen und ich führe hier nur beispielsweise an, dass man mit Roth und Gelb die ganze Farbenreihe vom zartesten Rosa bis zum dunkelsten Roth und vom blassesten Gelb bis zum tiefsten Orange, mit Blau und Gelb vom hellsten Gelbgrün bis zum tiefsten Blaugrün u. s. w. hervorbringen kann.

Auch vermittelst Alizarin[1]) lassen sich lebhafte Färbungen auf Holz erzielen, welche unbedingt lichtbeständig sind. So erhält man, nachdem das Holz mit 7½ % Türkisch-

---

[1]) Meister, Lucius & Brüning. Verfahren zum Färben mit Theerfarbstoffen. p. 9.

rothöllösung behandelt worden, mit 10 bis 20%igen Alizarin und

Thonerdebeizen, Kali- oder Ammoniakalaun: Roth mit etwas bräunlichem Stich.

Chrombeizen, Chromalaun: Braunroth; mit Chromkali und Schwefelsäure: rothviolett.

Eisensalzen, Eisenalaun: Violett.

Zinnoxydul, Zinnsalz: feurig scharlachroth.

Zinnoxyd, Salzsaures oder Salpetersaures Zinn, Doppelchlorzinn: Gelbbraun.

Von Einfluss auf die Schönheit der erzielten Färbungen ist auch die Art der Auftragung auf das Holz, und werden namentlich in der Richtung viele Fehler begangen, dass man viele Färbeflüssigkeiten zu conzentrirt verwendet. In diesem Falle entstehen nicht bloss Flecken im Holze, sondern man erhält ganze Schichten einer Farbeablagerung auf dem Holze, welche nach dem Trocknen sich entfernen lässt, ohne dass das Holz besonders intensiv gefärbt worden wäre. Auch muss man bei Anwendung zweier Flüssigkeiten die zuerst aufgetragene vollständig trocken werden lassen, ehe man die zweite aufbringt, weil sich die Färbung sonst nicht im Holze sondern auf demselben vollzieht, während dieses wenig oder gar nicht gefärbt ist. Die Temperatur der zum Färben angewendeten Flüssigkeiten ist ebenfalls von weittragender Bedeutung; je heisser diese angewendet werden, um so tiefergehend ist die Färbung, und es wäre eigentlich das Kochen in der Färbeflüssigkeit das einfachste Verfahren, um eine genügend tiefe Färbung zu erreichen. Die Eigenschaft des Holzes aber, sich nach längerer Berührung mit Wasser zu verziehen, sowie der Umstand, dass viele zu färbende Objecte erst im vollkommenen fertigen Zustand, also mit zusammengeleimten einzelnen Stücken zum Färben kommen, legen hier die weitgehendste Reserve auf, so dass man in einzelnen Fällen nicht einmal eine kochend heisse Flüssigkeit aufbringen darf. Während einzelne Holzgattungen sich besser und gleichmässiger färben, wenn sie in gut ausgetrocknetem Zustande gefärbt werden, erfordern andere vor dem Färben eine Benetzung mit Wasser, wie dies beispielsweise bei Tannen- und Fichtenholz der Fall ist; färbt man diese Holzgattung ohne vorherige Benetzung mit Wasser, so bleiben die Jahresringe hell, während sie sich bei Benetzung gleichmässig mit der übrigen Holzsubstanz färben. Das Auftragen der Färbeflüssigkeit geschieht am vortheilhaftesten mittelst eines Pinsels (ein Schwamm ist weniger vortheilhaft) in gleichmässigem, raschem Strich, damit keine Flecken entstehen; die benutzten Pinsel müssen nach jedesmaligem Gebrauche gut ausgewaschen und getrocknet werden, weil sie bei nachlässiger Behandlung rasch zu Grunde gehen.

Das Imitiren von Hölzern auf dem Wege des Beizens bezweckt billigeren, bei uns einheimischen Hölzern das Aussehen werthvoller oder seltener, auch ausländischer zu geben und läuft dieses Imitiren nicht allein darauf hinaus, dem Holze die Färbung, sondern auch möglichst naturgetreu die Textur des nachzuahmenden zu geben, wobei eigentlich die das Letztere betreffende Arbeit die Hauptrolle spielt. Wir können füglich von einer Polisanderholz ähnlichen Färbung und von einer Polisander-Imitation sprechen, je nachdem das Holz nicht allein die Färbung, sondern auch die Textur dieses Holzes zeigt und haben zwischen beiden wohl zu unterscheiden. Die Färbung des Holzes nachzuahmen erfordert weniger Geschick als die Textur nachzuahmen; zu ersterer gehört nur Farbensinn, ein gutes Auge und einige Kenntniss der Färbemittel; um letztere aber naturgetreu wiederzugeben, gehört eigentlich eine künstlerische Hand und es sind schon (namentlich bei Anstrichen) Fälle dagewesen, wo die Imitation so täuschend gelang, dass selbst Kenner sie für echt hielten, dass aber auch um den Preis, welchen die Imitation kostete, das Stück aus echtem Holze herzustellen gewesen wäre. Es läuft also die Imidation edler oder kostbarer Hölzer auf eine mehr oder weniger vollendete Bemalung hinaus, zu welcher nicht überall die erforderlichen Arbeitskräfte vorhanden sind, und aus diesem Grunde begegnen wir häufig Imitationen, welche wahre Zerrbilder sind. Wenn in Handbüchern über Holzfärberei Anleitungen zu diesen Malereien gegeben werden,[1]) so geschehen sie wohl nur zu dem Zwecke, um dem Leser einen Begriff zu geben, wie solche Arbeiten auszuführen sind, ich bin aber überzeugt, dass aus diesen Büchern ganz gewiss noch Niemand die Nachahmung der Textur gelernt hat und auch nie lernen wird, trotz aller beigegebenen Abbildungen der Hilfsmittel. Um die Imitation der Textur ausführen zu können, bedarf man einer geschickten Hand und einer genauen Kenntniss des nachzuahmenden Holzes. Ich verzichte daher hier auf die weiteren Ausführungen bezüglich der Nachahmung der Textur vor der Hand und empfehle jenen Interessenten, welche sich mit Imitationen in grösserem Umfange befassen wollen, die Einstellung eines tüchtigen Holzmalers. Die jüngste Zeit bietet uns aber auch ein Ersatzmittel für diese Handarbeit in den Fla-

[1]) Schmidt, Beizen etc. des Holzes p. 118.

derabziehpapieren, welche die Textur jeder beliebigen Holzart (Eichen-, Nuss-, Ahorn-, Mahagoni-, Polisander-, Rosen- etc. Holz) in wahrhaft künstlerischer Vollendung zeigen und durch einfaches Befeuchten auf der Rückseite mit Wasser und Anlegen und Anklopfen mit einer Bürste oder einem Tuche dieselbe auf das Holz übertragen; das Papier wird dann abgezogen, die Farbe trocknen gelassen und schliesslich in gewöhnlicher Weise polirt oder lackirt. Ein anderes Verfahren[1]) besteht darin, dass man ein sehr gut abgehobeltes Brett aus dem nachzuahmenden Holze mit einer demselben entsprechenden Farbe einfärbt, die nicht in den Vertiefungen sitzende Farbe mit einem scharfkantigen Lineale entfernt, mit einer aus elastischem Leim gefertigten gebogenen Platte die in den Vertiefungen sitzen gebliebene Farbe unter leichten Aufdrücken aufnimmt und nun, ebenfalls unter leichtem Druck, auf das vorher entsprechend gebeizte Holz aufträgt. Derartige Platten aus dem edlen Holze lassen sich unendlich oft benutzen und bedürfen, wenn sie einmal unbrauchbar geworden sind, nur des Abziehens mit der Ziehklinge, um sofort wieder brauchbar zu sein.

Beim Imitiren irgend eines Holzes genügt es nicht allein, dass man dessen Farbe und Textur nachahmt, es muss auch Rücksicht genommen werden auf sein Eigengewicht und auf die Textur jenes Holzes, welches zur Nachahmung dient. So wird man beispielsweise von einer Verwendung des Fichten- und Tannenholzes zum Imitiren irgend eines anderen Holzes unbedingt absehen müssen, weil es einestheils zu leicht ist, andererseits aber eine Textur aufweist, welche sich durch nichts, ausser

[1]) Oesterr.-ung. Patent von Ferd. Backhaus in Wien.

durch einen deckenden Anstrich verdecken lässt; es kann also füglich hier nur von einem x artig Färben, nicht aber von einem Imitiren die Rede sein. In der richtigen Auswahl des Holzes, welches zu Imitationszwecken dienen soll, liegt ein grosser Factor für das Gelingen bez. für die Schönheit der Imitation, ganz abgesehen von der künstlerischen Nachahmung der Textur. Um Mahagoniholz zu imitiren, nimmt man Kirsch-, Erlen-, Eschen- oder Rothbuchenholz, für Polisander Nuss- event. auch Ahornholz; auch Eichenholz ist schon verwendet worden. Für die Nachahmung des Rosenholzes eignet sich Ahorn- oder Buchsbaumholz, für Cedernholz Elsenholz, für Zebraholz Ahorn, für Eichenholz Buche, Nuss- oder Ahornholz. Auch von einer Imitation dunklen amerikanischen Nussholzes wird gesprochen, doch handelt es sich hier weniger um eine Imitation als vielmehr um eine dunklere Färbung eines einheimischen helleren Nussholzes; auch bei Beizung von Nussbaum-Splintholz kann man füglich nicht von einer Imitation sprechen, ebensowenig wie bei den verschiedenen Färbungen des Eichenholzes. Es ist, wie schon früher gesagt, für den Holzfärber, nachdem er seine Wahl bezüglich des zu benützenden Holzes getroffen hat, zunächst von Wichtigkeit, demselben den erforderlichen Grundton zu geben, der natürlich dem echten Holze, welches imitirt werden soll, möglichst nahe kommen muss. Er wird daher jedereit am besten thun, sich ein Stück des nachzuahmenden Holzes zu verschaffen, dasselbe zu poliren und nach der nun ersichtlichen Färbung seine Beize zusammensetzen, wobei er auch wieder Rücksicht auf die Farbe seines Holzes zu nehmen hat.

Als Beize zum Imitiren des Polisanderholzes dient eine Blauholzabkochung, welche einen schön rothvioletten Ton giebt; Schmidt[1]) empfiehlt eine Lösung von Anilinbraun in Spiritus, welche man auch mit einer Lösung von Anilinviolett mischen kann, um die richtige Farbe zu erhalten; nach Hirschberg[2]) erreicht man das Resultat mit einer conzentrirten Auflösung von doppeltchromsaurem Kali, während ein anderer wieder den theueren Carthamin-Extract angewendet wissen will.

Um Mahagoniholz zu imitiren, beizt man das zu imitirende Holz mit Scheidewasser und polirt mit gefärbter Schellackpolitur, oder bereitet eine Beize aus den Sägespänen des echten Holzes; eine Mischung von Anilinbraun, Anilinroth und Gelb, bis man die richtige Färbung erreicht hat, mag als die beste Beize empfohlen sein. Schmidt[3]) will mahagonifarbige Imitation durch eine Auflösung von Engelroth in heisser Lauge erhalten, oder mit einer Lösung von Aloë in Schwefelsäure. Andés[4]) nennt eine Beize aus Fernambukspänen, Alaun, Wasser und einem geringen Zusatz an Weinsteinsäure als besonders geeignet und erhöht den Farbenton durch Zuhilfenahme von Sandelholz unter die Politur. Puscher[5]) beizt mit einer Farbebrühe aus 100 Gr. Wasser, 12 Gr. Blauholz und 3 Gr. Chlorbaryum. Rosenholz imitirt man mit einer spirituösen Lösung von Corallin und zieht mit einer Fuchsin- und Braunlösung die Adern. Für die Imitation aller dieser genannten Hölzer giebt es so unendlich viele verschiedene Anweisungen und ich möchte fast sagen, jeder Arbeiter kennt ein besonderes Verfahren,

[1]) Schmidt, Beizen etc. des Holzes p. 123.

[2]) Archiv der Pharmacie. Bd. 132 p. 151.

[3]) Chem.-tech. Rezept-Taschenbuch f. d. Holzindustrie p. 137.

[4]) Vollendungsarbeiten von Holzarbeiten p. 69.

[5]) Fürther Gewerbezeitung.

welches er für das allein richtige hält. Da bei allen Imitationen die richtige Farbe erst dann zum Vorschein kommt, wenn einmal mit Politur grundirt worden ist, so kann selbstredend erst dann gesehen werden, ob man auch die Nüance getroffen hat; ist dies nicht der Fall, oder wünscht man die Färbung anders zu gestalten, so lässt sich durch Auflösen geringer Mengen Anilinfarben in der Politur hier noch immer abhelfen. Einzelne Holzarbeiter gehen sogar so weit, dass sie Körperfarben, wie z. B. Engelroth in den Polirballen nehmen und damit poliren. Die Verfahrungsweisen gehen, wie gesagt, so weit auseinander, und die Hölzer sind unter einander wieder so unendlich verschieden, dass es den Rahmen dieser Schrift weitaus übersteigen würde, wollte man sich eingehender damit befassen; ich glaube aber, dass die hier gegebenen Anleitungen genügen.

Um Tannen- und Fichtenholz eichenartig zu färben, kann die Beize aus Kasselerbraun, mit Wasser entsprechend verdünnt, angewendet werden; auch Catechu, chromsaures Kali, übermangansaures Kali leisten gute Dienste. Für die Nachahmung der Farbe des dunklen Nussholzes bringt man die vorgenannten Beizen in conzentrirterem Zustande in Anwendung, oder beizt mit Nussschalenbeize. Das Elsenholz, welches vielfach zu Cigarrenkistchen dient, beizt man mit einer Auflösung von 10 Gr. Catechu in 200 Gr. Wasser und fügt demselben minimale Mengen doppeltchromsauren Kalis zu[1]) R. Kayser giebt für die gleiche Färbung eine Beize aus 200 Gr. Catechu, 100 Gr. kaustischer Soda und 10 Liter Wasser an. In dieses Färbebad bringt man das Holz

---

[1]) Polytechnisches Notizblatt.

und kocht es einige Stunden, bis es nach dem Herausnehmen, Abwaschen und Trocknen die gewünschte Farben-Intensität zeigt. Sehr gute Resultate erhält man mit 1%iger Lösung von Kupfervitriol und gelbem Blutlaugensalz in Wasser, der man so lange Salmiakgeist zusetzt, bis der Niederschlag sich wieder gelöst hat und die Flüssigkeit klar geworden ist. Diese wird mit einem Pinsel auf das Holz aufgetragen und mit dem Verdunsten des Ammoniaks vollzieht sich die Färbung; wendet man die Lösungen der Salze getrennt an, so erhält man sehr leicht Flecken.

Von besonderer Wichtigkeit ist für das Tischlergewerbe die Schwarzfärbung der Hölzer, bez. die Imitation des echten Ebenholzes, welches namentlich in Paris in besonderer Schönheit hergestellt wird. Liegt schon in der richtigen Auswahl des Holzes (Birnbaum-, Ahorn-, für billigere Stücke wohl auch Weissbuchenholz) ein grosser Factor für das Gelingen, ebenso auch wie in der Erzeugung einer tiefschwarzen Farbe, so liegt er doch noch vielmehr in der auf das Genaueste und Peinlichste ausgeführten Fertigstellung der Arbeiten, also in Schleifen, Glätten und dem zum Schlusse erfolgenden Glänzen oder Mattiren. Hier darf nicht die gewöhnliche, oberflächliche Färbung zur Anwendung kommen, sondern man muss solche tiefer eingehend machen und zu diesem Zwecke wiederholt und mit kochender Beizflüssigkeit färben. Zum Färben selbst gebraucht man eine der Seite 37 angeführten schwarzen Beizen. Als Pariser Ebenholzbeize wird nachfolgend beschriebene Beize bezeichnet: 600 Kbcm. Blauholzextractlösung von 6° B, 200 Kbcm. Wachslösung (in Wasser und Potasche), 200 Kbcm. verdünntes salpetersaures Eisen, 25 Gr. arabisches

Gummi, 25 Gr. Tischlerleim. Die gut gebeizten Hölzer werden dann nass geschliffen, event. auch mit Oel, wobei, wenn die Beize nicht sehr tief eingedrungen war, immer wieder lichtere Stellen entstehen. Diese lichteren Stellen müssen bei dem folgenden Mattiren oder Poliren wieder gedeckt werden und geschieht dies in der Weise, dass man in die betreffende Flüssigkeit eine lösliche schwarze Farbe (Anilinschwarz) einführt. Zum Poliren dient die gewöhnliche Politur aus Schellack und Spiritus; eine vorzügliche Mattirflüssigkeit ist folgendermassen zusammengesetzt: 10 Gr. Nigrosin werden in 200 Gr. Alkohol von 90% und 10 Gr. Schwefeläther gelöst und dieser Lösung 10 Gr. weisse Schellackpolitur zugesetzt. Auch kann das Nigrosin durch 10 Gr. Pariserschwarz und 2 Gr. Indigo ersetzt werden.

Die Imitation eingelegter Holzarbeiten (Intarsia-Imitation) wird dermalen bei der grossen Beliebtheit, welcher sich die Intarsia-Manier erfreut, ziemlich schwunghaft betrieben und man ahmt nicht allein auf dem Wege des Beizens, sondern auch auf dem des Malens derartige Arbeiten in vollendeter Weise nach; doch sind letztere weniger dauerhaft, weil sie beim Gebrauche leicht abgerieben werden, auch wenn sie durch eine Politur- oder Lackschicht geschützt sind. Die Imitation durch Malen gestaltet sich ziemlich einfach; das zur Nachahmung gewählte Dessin wird mittelst Graphitpapier (nicht mit ölhaltigem Pauspapier) auf das gut mit Wasser geschliffene Holz übertragen, die Conturen zunächst fein mittelst Tusch ausgezogen und dann das Malen mit verdünnten, lasierenden Aquarellfarben begonnen und in allen Theilen durchgeführt. Um Metallintarsia nachzuahmen, werden die zum Ausfüllen mit Metall bestimmten Theile der Zeichnung auf dem Holze zunächst mit einer deckenden Aquarellfarbe (Cremserweiss, Ocker oder Engelroth) gemalt und auf diese Unterlage dann die in Gummiwasser angeriebene Bronzefarbe (Gold, Silber oder Kupfer) ebenfalls mit dem Pinsel aufgetragen. Zur Ausfüllung des Grundes verwendet man meistens einen gut trocknenden flüssigen chinesischen Tusch, bei dem man aber zu beachten hat, dass bei nicht sehr sorgfältigem Auftragen leicht Flecken entstehen, welche namentlich, wenn das Object polirt wird, hervortreten. Um über diese Malerei poliren zu können, muss zunächst mit einem weichen Pinsel oder einem Zerstäuber so lange Politur auf das Holz aufgetragen werden, bis eine ziemliche Schichte dieser vorhanden ist, so dass bei dem eigentlichen Polirverfahren durch Wischen mit dem Ballen eine Beschädigung der Farbenlage nicht mehr zu befürchten ist. Auch durch Schabloniren mittelst Metall- oder Papierpatronen und Wasserfarben kann man sehr hübsche Intarsia-Nachahmungen herstellen und hat nur darauf zu achten, dass die Conturen scharf und rein ausfallen, was man dadurch erreicht, dass man die Farben nicht anmacht und möglichst wenig von denselben in den Pinsel nimmt.

Zum Imitiren eingelegter Arbeiten durch Beizen[1]) wählt man entweder ein schönes Ahorn- oder Buchenholz, zieht das daraus gearbeitete Stück mit der Ziehklinge sehr gut ab, schleift nach Zulässigkeit mit Wasser und Bimsstein oder auch nur mit Glaspapier sorgfältig ab und stellt es mit einem Worte so fertig, als ob man es poliren wolle. Nun wird, wenn die Zeichnung auf dunklem Grunde in lichtem Holze eingelegt erscheinen soll, die aus nicht zu schwachem Papier

[1]) Andés, Vollendungsarbeiten der Holzindustrie.

geschnittene Schablone, welche die Zeichnung vollkommen darstellen muss, mit gewöhnlichem Stärkekleister gut in allen ihren Theilen fest aufgeklebt. Es ist eine Hauptsache, dass die aus Papier geschnittene Zeichnung allseitig und ganz besonders an den Rändern mit dem Holze fest verbunden ist, da dies die Grundbedingung für das scharfe Hervortreten der Imitation, für die scharfen Linien der Zeichnung auf dem Holze ist. Nachdem die Papierschablone fest angetrocknet ist, beizt man das Object in gewöhnlicher Weise — am einfachsten und besten mit übermangansaurem Kali — also braun, und entfernt nach dem Beizen die Papierschablone mit einem nassen Schwamme. Nun kann man nach dem gehörigen Austrocknen an die Fertigstellung — Einlassen mit Oel, Poliren, Wichsen und dgl. schreiten. Sollen die Zeichnungen dunkel auf lichten Grunde erscheinen, so muss man die bei der vorstehend erwähnten Art zurückbleibende Patrize auflegen; es gilt hier überhaupt der Grundsatz, dass jene Stellen, welche beim Beizen mit der Schablone bedeckt sind, immer licht bleiben. Es lassen sich selbstverständlich mit doppelter und dreifacher Ueberdeckung durch Schablonen auch mehr als zwei Farben herstellen und bleibt hier der Intelligenz und dem Geschmacke ein sehr weites Feld. So werden einerseits Documente, Laubgewinde, Thierzeichnungen, anderseits Blumen, Blüthen, Blätter als eingelegt sich imitiren lassen, mit wenig Kosten und einfachen Hilfsmitteln grosse Effecte zu erzielen sein.

Auch die Seite 18 angeführten Färbungen mit Alizarin-Salzlösungen werden sich sehr zu Intarsia-Imitationen eignen, indem man die einzelnen Theile mit den Salzlösungen zuerst imprägnirt und dann die Alizarinlösung aufträgt. Um den Charakter des Intarsia in allen Fällen deutlich zum Ansdruck zu bringen, kann man die Conturen der Zeichnungen mit einem scharfen Messer umreissen, wodurch jene, die echte Intarsia charakterisirenden Vertiefungen und scharfen Begrenzungen entstehen. Ein anderes Verfahren, eingelegte Holzarbeiten nachzuahmen, ist folgendes[1]). Die zu verzierenden Holzflächen werden sauber geglättet; dann erfolgt eine Tränkung mit einer Lösung von einem Drittel gekochtem Leinöl und zwei Drittel Terpentin mit Benzin gemischt. Nachdem dieses Gemisch einige Zeit getrocknet, wird die Fläche mit feinkörnigem Glaspapier abgerieben. Die anzubringende Zeichnung wird in einer Schablone von dünnem festem Papier, Stanniol oder dgl. ausgeschnitten und auf die Holzfläche gelegt, um durch dieselbe eine ziemlich conzentrirte Lösung von Schellack hell oder dunkel zu pinseln, der man etwas transparenten Färbstoff zugesetzt hat. Ist die Lösung eingetrocknet, so wird eine zweite Lösung von Ceresin und Benzin als zweite Schicht aufgetragen. Um besser sehen zu können, ob alle Theile der Zeichnung gedeckt sind, kann man die Lösung durch Asphaltlack bräunen, weil Ceresin allein farblos ist. Ist die Schablone in dieser Weise gleichmässig durchgearbeitet, so wird sie von der Fläche entfernt und kann nach einigen Minuten die Beizung vorgenommen werden. Nachdem die Fläche mit Wasserbeize in dem gewünschten Farbenton schwarz, braun, mahagoni, nussbraun, eichen etc. schön gleichmässig gebeizt und diese getrocknet, ist die Zeichnung mit derselben fast vollständig bedeckt. Mittelst Benzins wird dann die Fläche mit einem weichen Lappen abgerieben, worauf die Zeichnung klar zu Tage

---

[1]) Patent von J. Ritzdorff in Bonn. Zeitschrift f. Drechsler 1888.

tritt. Nun findet eine nochmalige Abreibung mit feinkörnigem Glaspapier statt und wird die Zeichnung retouchirt. Zum Schlusse wird die ganze Fläche mit einer leichten weissen oder gelben Schellacklösung eingepinselt, nachdem diese getrocknet, wieder leicht abgeschliffen, mit Wachs eingerieben oder blank polirt. In dieser Weise kann eine Intarsia in zwei- oder mehrfarbigen Holzarten hergestellt werden, auch können dieselben schattirt oder mit einem Glühstoff gebrannt werden; ebenso lässt sich das Verfahren auf alle bekannten Holzarten anwenden. Die Imitationen wurden auch in früheren Jahrhunderten hergestellt und beschränkten sich nicht auf Holzeinlagen, sondern man führte auch Perlmutter- und Schildpatt-Mosaik in Mal-Nachahmungen auf folgende Art aus [1]). Nachdem eine durchaus fettlose Holzgrundfläche geglättet und darauf die auf Papier geworfene Bleistiftzeichnung gepaust worden ist, werden die durchgepausten Verzierungen mit Eidotter überpinselt. Sobald diese aufgetragene Flüssigkeit vollkommen gehärtet, muss über die ganze Oberfläche des Holzes, mehrere Centimeter dick, in Harn gelöschter Kalk gegossen und wenn trocken, mit steifer Bürste entfernt werden, darauf alles mit neuer Leinwand geglättet wird. Sollen die Einlagen mehrfarbig sein, so umritzt man die Zeichnungslinie mit einer Eisenspitze und trägt in den hervorgebrachten Ritzen die verschiedenen, mit Essig zubereiteten Farben ein. Die ganze Arbeit wird alsdann mit Wachs eingelassen und mit Flanell überrieben. So ausgeführte ältere Arbeiten finden sich unter anderem auch zu Trausnitz bei Landshut.

---

[1]) Demmin, Studien über Kunsthandwerke II. Folge. I. Kunsttischlerei.

Stelzenmüller in München[1]) giebt zur Nachahmung der Intarsien folgende Anleitung. Auf die grundirte, beziehentlich präparirte Fläche wird zunächst die gewünschte hellste Holzart mit Wasserfarbe maserirt, dann die Zeichnung aufgetragen und der in der hellen Maserung gewünschte Theil derselben mit einer Lösung von Schellack in Spiritus, mit Gummi-Elemi in Terpentinöl gedeckt bez. fixirt; der übrige nicht fixirte Theil dagegen wird mittels einer Lösung von kaustischer Soda in Wasser abgewaschen, so dass an diesen Stellen die Auftragung der zweiten dunkleren Maserirung, Fixirung und Abwaschung in gleicher Weise, wie vorher beschrieben, erfolgen und nach Fertigstellung und Trocknung die ganze Fläche in bekannter Weise matt oder glänzend lackirt oder auch polirt werden kann.

Whitburn zu Milford[2]) hat ein Verfahren ausgebildet, auf Holz zu drucken und diesen Holzdruck als Ersatz der bisherigen Holzverkleidungen und des Holzgetäfels mit oder ohne Intarsien zur Decoration der Wohnräumen, zur Herstellung von Plafonds, zu Täfelungen auf Schiffen, in Eisenbahnwaggons etc. zu verwenden. Es kann nicht allein mit einer, sondern mit mehreren Farben gedruckt werden und die Farbe dringt tief in das Holz ein, während die Zeichnung in Relief hervortritt oder auch umgekehrt.

Nach Zimmermann Göllheim[3]) kann man farbige Verzierungen auf Holz herstellen, indem man zunächst Holzplatten mit Salzsäure behandelt und dadurch an der Oberfläche das Holz pastös macht; hieraufa

---

[1]) Industrieblätter von Jacobsen 1885. p. 498; D. R. P. No. 32,665.

[2]) Industrieblätter von Hager und Jacobsen 1878. p. 278.

[3]) Deutsche Industrie-Zeitung, Chemnitz 1878. p. 59.

werden mit einer gravierten Platte und mittelst starker Pressung die Figuren eingepresst und dann mittelst Bimsstein die ganze Platte glatt geschliffen. Wird die Holzfläche darauf mit einer Farbenlösung überzogen, so entsteht eine sehr schöne Zeichnung, weil die gepressten Stellen dichter geworden sind, daher weniger von der Farbe aufzunehmen im Stande sind, und in Folge dessen einen lichteren Ton derselben Farbe zeigen, als die nicht gepressten Stellen.

Einen Holzmosaikarbeiten-Ersatz hat sich S. Dreyfuss[1]) in Hagenau im Elsass patentiren lassen. Dieses Verfahren besteht darin, dass man die gewünschte Zeichnung etc. auf der Vorderseite des Fournieres mit schwarzer Kreide oder blauem Copirstifte punktirt vorzeichnet und darauf die Conturen mit einer besonderen Imprägnirmasse mittelst einer Stahlfeder fein ausführt und trocknen lässt. Die Imprägnirungsmasse besteht aus 60 Theilen Kienruss, 100 Theilen Kupfervitriol und 30 Theilen Spiritus. Nach erfolgter Trocknung der Zeichnung werden die Fournire circa 20 Stdn. in klarem, sich fortwährend erneuerndem Wasser gewaschen. Hierdurch erreicht man, dass die Zeichnung nicht nur fixirt wird, sondern schliesslich auf der Rückseite des Fournirs erscheint, also dasselbe vollständig durchdringt.

In jüngster Zeit hat man sowohl echte Intarsia, als auch deren Imitation mit der Holzbrandtechnik (Pyrographie) verbunden, indem man die Conturen mit einem glühenden Stifte umreisst und auch auf den Flächen hie und da Schattirungen anbringt. Die Holzbrandtechnik zeichnet sich durch ausserordentliche Mannigfaltigkeit

---

[1]) Mittheilungen des technolog. Gewerbemuseum 1887 p. 90.

aus, weil sich alle Zeichnungen, die zartesten wie die gröbsten, darin ausführen lassen und nur eine Bedingung, ein geübter Zeichner zu sein, an ihre Ausführung geknüpft ist[1]). Die Technik, Holzwaaren durch Brennen zu decoriren, ist bereits eine sehr alte und wurde schon frühzeitig von den Völkern des Orientes, ja sogar von wilden Stämmen angewendet. Ebenso kannten unsere Alpenbewohner schon lange die Manier, mit glühenden Stempeln verschiedene Gegenstände des Hausbedarfes zu verzieren und bei vielen slavischen Völkerschaften ist das Einbrennen allerdings höchst primitiver Zeichnungen noch heute üblich. Für den ornamentalen Schmuck eignet sich besonders das stylisirte deutsche Pflanzenornament, frei in Bewegung und Conception und als Rohstoff zur Behandlung dieser Brandtechnik empfehlen sich besonders Zirben-, Birnbaum-, Buchs-, Linden- und Ahornholz, überhaupt die meisten Holzarten, bei welchen der Herbsttheil des Jahresringes nicht gar zu dunkel ist. Das Verfahren besteht darin, dass man auf die möglichst gut geglättete Holzoberfläche den Vorwurf mit Bleistift leicht aufzeichnet oder aufpaust und denselben dann mit dem Glühstifte (Benzinheizung oder elektrischer Funke) correct nachzeichnet und etwas abschattirt. Das Bemalen, welches den Zeichnungen viel Leben verleiht, geschieht mit Lasurfarben in Aquarell. Die Farbe kann auch mittelst Lack fixirt werden, doch ist hierbei der Umstand zu berücksichtigen, dass durch das Fixiren viele Farben nachdunkeln, andere jedoch wieder heller werden, im Ganzen aber die Farbe frischer und kräftiger durch das Fixiren

[2]) Wiener Möbelhalle No. 7 1885; Mittheilungen des technolog. Gewerbemuseum 1886.

hervortritt. Bei dunklen Holzarten kann auch Deckweiss in Anwendung kommen, um einzelnen Formen mehr Modellirung zu verleihen.

Eine vielversprechende Ausdehnung hat Hoftischlermeister Bernhard Ludwig in Wien der Holzbrandtechnik gegeben, in dem er dieselbe im Grossen zur figuralen und ornamentalen Ausschmückung an Möbelstücken, Täfelungen, Plafonds etc. benutzt. Auf dem Wege der Handarbeit wäre dies natürlich für Massenbewältigung nicht möglich und er verfährt in der Weise, dass er gravirte, mit Dampf geheizte hohle Walzen je nach dem gewünschten Farbentone langsamer oder schneller über das zu decorirende Holz hingleiten lässt, bez. das Holz zwischen Walzen durchzieht, wobei die Hitze der Walze hinreicht, das Holz auf seiner Oberfläche mehr oder weniger zu bräunen und auf diese Weise gleichzeitig erhabene und gefärbte Zeichnungen auf jeder beliebigen Holzgattung zu erhalten.

Auch die Ausschmückung von hellem Holze mit aufgeklebten, ausgeschnittenen schwarzen Kupferstichen oder Holzschnitten ist nicht neu, sondern in Frankreich schon im 18. Jahrhundert[1]) geübt werden, in ganz ähnlicher Weise, wie dies jetzt wieder in Deutschland mit Photographien geschieht. Bessere Resultate als das einfache Aufkleben von Stichen, welche immer die Rückseite von Druck frei haben müssen, geben die verschiedenen Uebertragungsverfahren[2]), sowohl für bunte als schwarze Drucke. Dieselben gipfelten alle darin, dass der Druck auf dem Papier durch eine Lackschicht festgehalten, auf das auszuschmückende Holz aufgeklebt und

[1]) Demmin, Studien über Kunsthandwerke. II. Folge. I. p. 24.
[2]) Vollendungsarbeiten d. Holzindustrie. p. 96.; Dilettant 117.

hierauf die nun oben befindliche Papierschicht entfernt wird, was am besten mit wenig Salzsäure haltigem Wasser geschieht. Bei dieser Uebertragung erscheinen die Drucke auf dem Holze verkehrt und müssen, um sie in richtiger Lage aufzubringen, erst auf ein aufgespanntes Papier und von diesem dann erst auf das Holz übertragen werden. So einfach die Sache scheint und es in der That auch ist, so gelingt namentlich im Anfange das Uebertragen nicht leicht, weil gewöhnlich in der Weise gefehlt wird, dass man das Trocknen des Lackes nicht abwartet, sondern noch solange derselbe weich ist, mit dem Abreiben des Papiers beginnt und nun den noch weichen Lack nebst dem Drucke von der Unterlage abreisst. Dadurch entstehen Löcher, welche sich nur in den seltensten Fällen durch Nachzeichnen mit Tusche verdecken lassen; meistens ist es am besten, ein Bild, welches einmal Löcher aufweist, zu verwerfen und die Arbeit mit einem neuen zu beginnen. Die Uebertragungsverfahren sind selbstverständlich nur in solchen Fällen anzuwenden, wenn man alte Drucke aufbringen will, oder wenn man nur wenige Exemplare eines Bildes benöthigt; in allen jenen Fällen, in denen es sich um Massenproduction handelt, wird man zu den eigens präparirten Abziehbildern greifen, welche mit der Bildseite mittelst Politur oder Lack aufgelegt und angedrückt werden; nach dem Erhärten der Politur- oder Lackschicht entfernt man das Papier von dem mittelst einer Gummischicht isolirten Drucke und erhält nun den gewünschten Druck in seiner richtigen Lage auf dem Holze. Derartige Abziehbilder werden in unendlicher Auswahl in buntem und schwarzem Druck angefertigt und in neuerer Zeit liefert auch C. A. Pocher in Nürnberg, die erste und älteste Abziehbilderfabrik Deutschlands, abziehbare Intarsia-Imitationen, welche sich recht gut zur Decoration von Tischen, Cassetten etc. etc. eignen.

Schon in früheren Jahrhunderten wurden die eingelegten Arbeiten mittelst Brennens schattirt, eine Technik, die in neuerer Zeit wieder aufgenommen wurde. Das Brennen geschieht mittelst heiss gemachtem, ganz fein gesiebtem Wellsand. Man benützt hierzu einen Blechofen, welcher oben einen Einsatz hat, füllt diesen mit dem Sande und heizt nun, so dass der Sand die zum Bräunen des Holzes nöthige Temperatur hat. Die einzelnen Theile, welche schattirt werden sollen, steckt man senkrecht oder geneigt, je nach Erforderniss in den heissen Sand und belässt sie darin, bis sie genügend gebräunt sind. Die Uebergänge vom tiefsten Ton zum hellsten vollziehen sich von selbst, weil der Sand in der verschiedenen Tiefe verschiedene Temperaturen hat und das Holz diesen entsprechend stärker oder schwächer anbrennt. Die auf diese Weise schattirten Intarsien geben ein prachtvolles Bild, welches sich auch für farbige Intarsien als brauchbar erweist.

Obgleich die Ausführung von Intarsien-Arbeiten zu schildern nicht Aufgabe dieses Werkchens sein soll, so will ich hier doch ein neues Verfahren zur Herstellung von Zinnintarsia nicht unerwähnt lassen, welches A. Henke, Lehrer an der k. k. Fachschule für Holzindustrie in Villach ersonnen hat. Das Holz, welches mit dieser Intarsia zu decoriren ist, muss, wenn es beispielsweise als Füllung dienen soll, mit einer Fläche versehen sein, worauf mehrere Male Politur und sobald diese trocken geworden, die betreffende Zeichnung aufgetragen wird. Nun wird das Ornament, welches die eigentliche Zinnintarsia vorstellt, mit Bildhauereisen in Fournirstücken herausgravirt und zwar so, dass der Schnitt nach unten immer grösser ist, als die Contur der aufgetragenen Zeichnung. Hierauf wird das Zinn, um es zu diesem Zwecke verwenden zu können, reichlich mit einem Drittheil Blei zusammengeschmolzen, nach dem Erkalten in kleine Stücke geschnitten und mittelst kupfernem Kolben, welcher über einer Spirituslampe heiss gemacht wird, Stück für Stück in den gravirten Raum fest hineingedrückt. Ist das ganze Ornament mit dieser Metallcomposition versehen, so wird die Fläche mit scharfer Ziehklinge abgezogen, mehrere Male mit Politur eingelassen und abermals abgezogen. Soll nun dem Holze eine andere Farbe gegeben werden, als ihm die Natur verliehen hat, so wird dasselbe gebeizt, im nassen Zustande einige Male mit Bimsstein geschliffen und zum Schlusse, wenn es trocken ist, mit Leinöl und feinem Schmirgel mittelst Tuchlappen geputzt. Die auf solche Weise hergestellten Intarsien sind von sehr hübscher Wirkung, zeigen aber immer einen mehr bleigrauen Ton als die Zinkintarsien.

Metallisirung des Holzes.

Das Verfahren des Erfinders Rubenicek besteht darin dass das Holz zuerst mit einer kaustischen alkalischen Lauge behandelt wird und in derselben mehrere Stunden bei einer Temperatur von 60 bis 70° C. liegen muss; hierauf begiesst man dasselbe mit einer Verbindung von Schwefelwasserstoff und Calcium, also einer Calciumhydratlösung, der nach einer Einwirkungsdauer von 24 bis 36 Stunden eine conzentrirte gemischte Lösung aus Aetznatron und Schwefel zugesetzt wird. In dieser Auflösung bleibt das Holz bei einer Temperatur von 30 bis 40° C.

etwa 48 Stunden, und wird zuerst $1^1/_2$ bis 2 Tage in eine Lösung von essigsaurem Blei eingetaucht.

Das auf diese Weise bearbeitete Holzmaterial, welches bei mässiger Temperatur allmälig getrocknet und vermittelst eines Polirwerkes abgerieben wird, bekommt einen vollkommen metallischen Glanz, der durch Abglätten mit Blei- und Zinkplättchen und zuletzt mit Glas noch erhöht werden kann.

Zur Herstellung eines krystallähnlichen Ueberzuges auf Holz mischt man eine sehr conzentrirte Salzlösung in der Kälte mit Dextrin und trägt die Flüssigkeit mittelst eines breiten Pinsels in dünner Schichte auf. Nach dem Trocknen zeigt die Fläche einen schönen perlmutterglänzenden Ueberzug, der fest haftet. Auch schwefelsaure Magnesia, essigsaures Natron und schwefelsaures Zinnoxyd eignen sich hierzu.

Um Holz zu vergolden, z. B. Bilderrahmen, grosse Uhrgehäuse und dergl. muss man der Oberfläche erst einen Grund geben. Dieser besteht aus einem, mit reiner gelber Erde und mit Bleiweiss versetzten Leinölfirniss, dem man auch Terpentinöl hinzufügt. Ist dieser Grund trocken geworden, so überzieht man ihn dünn mit Schellak oder Vergolderfirniss, legt, ehe derselbe vollkommen trocken geworden ist und noch ganz schwach klebt, Blattgold auf und drückt dasselbe mit Baumwolle an. So erhält man eine matte Vergoldung.

Um eine glänzende Vergoldung zu erhalten, überstreicht man das Holz einige Male mit Leimwasser und dann übergiesst man es mit kreidehaltigem Leimwasser. Ist dieser Ueberzug trocken geworden, so schleift man ihn mit Schachtelhalm, fährt hierauf mit dünnem Leimwasser drüber hin und setzt noch einen anderen

Grund darauf, aus einer Mischung von geriebenem armenischem Bolus, Bleiweiss, Leimwasser und etwas weissem Wachs. Ist derselbe gleichfalls trocken geworden, so überfährt man ihn mit dünnem Spiritus oder Branntwein, überlegt ihn mit Blattgold und polirt ihn nach 24 Stunden mit einem glatten Zahn.

Bronziren von Holz. Wenn ein Gegenstand aus Holz bronzirt werden soll, so macht es sich vor allem nöthig, denselben erst mit Leim zu überziehen. Der zu diesem Ueberzug bestimmte Leim wird in Wasser so dünn und flüssig wie das Wasser selbt gekocht und dann durchgeseihet. Mit Hilfe eines weichen feinen Borstenpinsels trägt man auf den Gegenstand 2—3 Schichten von dem Leim auf, wobei zu bemerken ist, dass vor dem Auftragen der folgenden Schichte die vorhergehende immer trocken sein muss. Auf diesen Leimgrund werden 4—5 Schichten von einer Composition gebracht, die aus geschlemmter Kreide besteht, welche man in einem irdenen Topfe mit soviel Wasser anmacht, dass ein dicker Brei entsteht, zu dem man noch soviel Leim mischt, dass die Composition dünn gemacht wird, um mit dem Pinsel aufgetragen werden zu können, und dennoch Körper genug hat, um zu decken. Wenn der Kreidegrund völlig trocken geworden ist, schleift man den Schachtelhalm recht fein ab, stäubt ihn nach dem Schleifen mit einem weichen Pinsel und trägt nun nochmals eine Schichte Leim auf. Auf diese folgt ein Anstrich mit etwas stärkerer Leimlösung und trägt man auf diese, während sie noch im vollkommen nassen Zustande sich befindet, die Bronze in Pulverform mit einem weichen Pinsel auf. Bei Anwendung von Goldbronze muss jedoch der Leim mit etwas hellem Oker oder dunklem Chromgelb, bei Silberbronze mit gebrochenem Bleiweiss versetzt werden, welche Farben man mit ein wenig Leimwasser vorher auf einem Reibsteine fein gerieben. Beim Auftragen der Bronze muss man jede Stelle der zu bronzirenden Fläche berühren und die vorspringenden Stellen des Gegenstandes mit einem Polirzahn aus Achat reiben, wodurch dieselben einen sehr hohen Glanz und ein schönes helles Ansehen bekommen. Wird ganz helle Bronze zu der Bronzirung angewendet, so erhält der Gegenstand, wenn dessen erhabene Stellen bronzirt sind, das Ansehen von echter Vergoldung.

Bei der Herstellung von Cuivre poli (Antik- oder Holzbronze), welches man seit den letzten Jahren so häufig auf Rahmen, Consolen, Fenstergalerien und dergl. vom Vergolder gefertigten Artikeln antrifft, wurde bisher die zu polirende Bronze auf ein vier- oder fünfmal angestrichenes Leimpoliment aufgetragen. Die angewendeten Methoden unterscheiden sich lediglich durch die Zusätze zum Poliment und die Art des Auftragens der Bronze. Ihrer Einfachheit und, für solche, welche wenig bronzirt, der absoluten Sicherheit des Gelingens wegen lässt sich besonders nachstehend beschriebene neue Methode empfehlen.[1]) Gegenstände, welche polirt werden sollen, müssen zuerst mit einem Grund, bestehend aus Leim und Kreide — am vortheilhaften lässt sich hierzu China clay oder Bologneser Kreide verwenden — überzogen werden und zwar Holz drei bis viermal. Nun bereitet man sich, indem man einer gekochten Lösung von 16 Gr. Leim in $^1/_2$ Liter Wasser (Polimentleim) etwas Poliment und Schwarz zusetzt, eine schwarze dünnflüssige Lösche, welche heiss, mit einem Borstenpinsel, gleichmässig auf-

---

[1]) Neueste Erfindungen und Erfahrungen. XIII. Jahrg. p. 433.

getragen wird. Dann wird guter Graphit in Stücken etwas zerstossen und mit Spiritus auf einer Platte feingerieben. Hat man die Absicht, Kupferbronze zu poliren, so setze man dem Graphit beim Reiben soviel Bolus zu, bis man den gewöhnlichen, braunschwarzen Ton der Kupferpatina erhalten. Nachdem der Graphit fein gerieben ist, was je nach der Menge in einer viertel- bis halben Stunde geschehen sein kann, wird derselbe in einem Gefässe mit einer Schellacklösung strichrecht verdünnt. Die erhaltene, zum Gebrauche fertige Mischung darf nicht dicker sein, wie mittelstarkes Poliment. Die Schellacklösung stellt man sich her, indem man an einer cylindrischen Flasche vom Boden aufwärts fünf gleiche Abtheilungen markirt, die erste mit Schellack und den übrigen Raum bis zum fünften Strich mit Spiritus anfüllt und die Flasche zeitweise schüttelt. Das Aufstreichen des Schellackgraphites muss „flüssig“ mit einem Haarpinsel geschehen, ohne jedoch „Pfützen“ stehen zu lassen. Man achte darauf, dass man immer gleich deckt, was der schwarzen Lösche wegen nicht schwer ist. Der Auftrag trocknet schnell und wird vor dem Bronziren mit einem Flanellflecken abgerieben.

Man wähle nur feinste Bronzen, da grobe Sorten zu stark flittern. Um das Aufpoliren von Bronzeflittern (Schiefern) zu verhüten, wird mit der Bronze etwas feingeschabter Graphit oder Bolus gut vermischt, und zwar Kupferbronze mit Bolus, Silberbronze mit Graphit, messingartige Goldbronze mit beiden oder mit einem allein, je nachdem man einen lebhafteren oder bleicheren Ton erzielen will. Die Menge des Zusatzes richtet sich nach der Feinheit der Bronze und des Bronzeleims, darf aber nicht über ein Zehntel betragen, da die Gegenstände sonst einen zwar schönen, tiefen Glanz, aber ein zu antikes Aussehen erhalten. Wird ein solches Aussehen gewünscht, so wird nach Bedarf zugesetzt. Das Bronziren geschieht mit starkem Polimentleim, zu welchem am besten Gelatine verwendet wird. Die Bronze wird in einen flachen Farbennapf oder auf eine Glas-, Porzellan- oder dergl. geeignete Platte gebracht. Alsdann wird ein abgearbeiteter Borstenpinsel in den Bronzeleim getaucht, auf der Platte mit etwas Bronze angerieben und dieselbe auf dem Graphit gleichmässig verstrichen. Zur Erleichterung kann man sich mehrerer Pinsel bedienen, indem man zuerst mit einem halbnass aufträgt und mit einem anderen fast trocken verarbeitet. Wir geben Acht, dass die oberen Stellen recht rein bronzirt werden und nur allmälig in die Patinirung übergehen. Das bronzirte trocknet ziemlich schnell und wird vor dem Poliren mit einem Fettpinsel leicht abgekehrt. Die dunklen Tiefen brauchen nicht polirt zu werden, da dieselben nur einen schwachen, der Patina entsprechenden Luster besitzen sollen, welcher durch den Lack erzielt wird. Ist der Gegenstand rein polirt und abgestäubt, so wird er ein- bis zweimal lackirt, am besten mit weissem Spirituslack. Umfangreiche Gegenstände werden streckenweise bronzirt, polirt und lackirt.

Conserviren des Holzes durch Polituren und Lacke.

Einestheils um das Holz und die auf demselben erzielten Färbungen und Decorirungen gegen äussere Einflüsse zu schützen, anderentheils aber auch um dasselbe zu verschönern, ihm eine glatte und glänzende Oberfläche zu geben, werden die daraus gefertigten Gebrauchsgegenstände mit Polituren und Lacken überzogen. Sowohl das Ueberziehen mit Polituren als auch das mit Lacken beruht darauf, auf dem Holze eine feste, widerstandsfähige Schichte eines Harzes abzulagern, welche einen hohen Glanz und die Eigenschaft besitzt, namentlich gegen Wasser und Feuchtigkeit unempfindlich zu sein und das Ansetzen von Staub und Schmutz zu verhindern

Beim Poliren wird das Holz, nachdem dessen Poren mehr oder weniger gut verschlossen worden sind, mit einer spirituösen Lösung von Schellack in Spiritus unter Zuhilfenahme ganz geringer Mengen eines fetten Oeles so lange eingerieben, bis eine feste und glänzende Decke auf demselben entstanden ist. Beim Lackiren überzieht man das Holz mittelst eines Pinsels mit einer consistenten Flüssigkeit aus Harzen verschiedener Art, Terpentinöl oder Spiritus mehrere Male, bis ebenfalls eine möglichst glatte Oberfläche erreicht worden ist. Der Unterschied in der Wirkungsweise beider Verfahrungsarten ist kein bedeutender, doch sind im Allgemeinen polirte Flächen glatter und ebener als lackirte Flächen, weil die einzelnen Pinselführungen hier und da sichtbar bleiben und die aufgetragene Schichte des Lackes gewöhnlich dicker ist, als die der Politur. Um auf dem Wege des Lackirens glatte Flächen, welche wie polirt erscheinen, zu erreichen, müssen die einzelnen Lackschichten nach ihrem Trocknen geschliffen werden und dieser Umstand, in Verbindung mit der immerhin langen Dauer des Trockenprozesses ist der Grund, warum ebene und glatte Flächen fast ausschliesslich polirt werden. Im Allgemeinen gilt als Grundsatz, dass alle jene Theile, welche glatte Flächen aufweisen, polirt werden, während Schnitzereien, complizirte Kehlungen und Kröpfungen und solche Gegenstände, welche des billigen Preises, zu dem sie geliefert werden, halber, das Poliren nicht vertragen, mit Lack und zwar fast ausschliesslich mit Spirituslack lackirt werden. Es darf aber nicht übersehen werden, dass einzelne Holzarbeiten, z. B. Stock- und Schirmgriffe u. dgl. nach dem Poliren noch mit einem sehr dünnen Lacküberzuge versehen werden, um das fette Gefühl, welches die polirten Hölzer auszeichnet, zu beseitigen.

Da sowohl die Polituren, als auch die Lacke auf das gehörig vorbereitete, nämlich trocken geschliffene, event. gebeizte oder sonst irgendwie decorirte Holz aufgetragen, von demselben begierig aufgenommen werden, verschwinden diese Auftragungen mehr oder weniger, lassen eine unebene und selbst rauhe Oberfläche zurück und man muss aus diesem Grunde das Holz vor dem Poliren oder Lackiren besonders präpariren. Es ziehen nämlich die aufgetragenen Flüssigkeiten sich theils in die offenen Poren des Holzes hinein, theils saugen sie sich in die Holzfaser ein und machen diese letztere „aufsteigen" und dadurch rauh, so dass die offenen Poren auf irgend eine Weise verschlossen werden müssen, während die Holzfaser geglättet wird. Als Mittel, diesen Zweck zu erreichen, dient das Schleifen mit Oel, das Tränken mit Leimlösung, Stärkekleister oder endlich mit besonders zu diesem Behufe dargestellten Präparaten wie Holzfüller, Schleifmasse etc. Bei gebeizten Objecten muss das Holz vor dem Beizen mit Wasser und Bimsstein geschliffen werden, weil durch nachträgliches Schleifen die nicht sehr tief gehende Färbung theilweise weggenommen wurde und es ist somit das Schleifen mit Oel und Bimsstein nur bei jenen Stücken möglich, welche keine Färbung erhalten oder welche mit farbigen Polituren polirt werden.

Das Schleifen mit Oel und Bimsstein, kurz gesagt, das Oelschleifen ist eine schon seit langer Zeit geübte Operation und es wäre nichts gegen dieselbe einzuwenden, wenn dem in dieser Weise behandelten Holze genügende Zeit gegeben würde, dass das in letzteres eingebrachte Oel austrocknen könnte. Dazu sind aber Monate erforderlich, der Gewerbsmann, der meistens nur über geringe Mittel verfügt, kann seine begonnenen Arbeiten nicht stehen lassen, sondern beginnt sofort nach dem Oelschleifen mit dem Poliren und Ausfertigen, und wir sehen die Folgen davon sehr bald in dem „Ausschwitzen des Oeles“ und dem „Abständigwerden der Politur“, Uebelstände, an welchen fast alle unsere polirten Holzarbeiten leiden. Bedenkt man, dass beim Abschleifen theils eine Menge Oel von der Holzfaser aufgenommen wird, theils sich ein Gemisch von Oel, Bimsstein und Holzfaser in den offenen Poren ablagert, welche nicht trocken mit einer hart werdenden Schichte überzogen werden, dabei aber das Bestreben hat, nach und nach auszutrocknen und die obere harte Schichte, diesem Prozesse nachgebend, springt, so wird man leicht das Widersinnige des ganzen Verfahrens einsehen. Und doch können sich Drechsler und Tischler von ihren alten Gewohnheiten nicht losreissen, können sich nicht dazu verstehen, die ihnen im Holzfüller und in der Holzschleifmasse gebotenen vortrefflichen Mittel, die Poren des Holzes binnen weniger Stunden ohne die genannten Nachtheile zu verschliessen, anzuwenden. Der Holzfüller, aus einem Gemenge von schnelltrocknendem Oel, Stärkemehl und einer Minimalsubstanz mit dem entsprechenden Farbezusatz bestehend, verschliesst die Poren bei einmaligem Auftragen sofort, ist leicht anzuwenden, trocknet binnen 8 Stunden vollkommen fest, und auf damit vorbereitetem Holze angebrachte Politur- und Lackschichten stehen jahrelang unverändert. Ganz ähnlich verhält es sich mit der Holzschleifmasse. Freilich darf man diese kittartigen Massen nicht einfach auf das Holz aufschmieren, sondern muss die Gebrauchsanweisung befolgen, dieselbe nach dem Einreiben wieder zu beseitigen, so dass sich der Füller eben nur in den Poren, nicht aber auf der Oberfläche des Holzes befindet.

Das Poliren selbst geschieht mit dem sogenannten Polirballen, einem Wattabausch, um den man einen reinen groben Leinwandlappen geschlagen hat; man befeuchtet den Wattabausch mit Politur, schlägt den Lappen darum, dreht die Enden desselben so zusammen, dass sie einen bequemen Handgriff geben, bringt auf die untere Fläche des Ballens einen Tropfen Leinöl und fährt dann, indem man diesen Polirballen leicht gegen die zu polirende Fläche andrückt, unter kreisförmigen und geraden Zügen auf dieser hin, bis dieselbe überall gleichmässig bedeckt ist. Die in den Polirballen gegebene Politur filtrirt allmählich durch die Leinwand durch und wird durch die flüchtige Handbewegung überall gleichmässig vertheilt, auf der Holzfläche eingerieben, woselbst sie durch die Verflüchtigung des Alkohols eintrocknet und als fester, glänzender Ueberzug zurückbleibt. Das Leinöl erleichtert die Bewegung mit dem Polirballen und giebt der fertigen Politurschichte Elastizität. Man unterscheidet bei dem Politurverfahren zwei Hauptmomente, das Grundiren und das Auspoliren; das Grundiren geschieht, bis alle Theile des zu polirenden Gegenstandes vollkommen gleichmässig mit einer Politurschichte bedeckt sind und einen fetten Glanz zeigen, und dann beginnt das Auspoliren, wozu man dünnere Politur und schliesslich reinen Spiritus nimmt und schliesslich damit auch die letzten oben aufsitzenden Antheile von Oel fortnimmt. Köhler in Giessen hat, um das Ausschlagen von Oel bei polirten Gegenständen hintanzuhalten, schon vor längerer Zeit vorgeschlagen, kein Oel in die Politur zu nehmen und nicht mit Oel zu schleifen; mit dem letzteren bin ich vollkommen einverstanden, aber ohne Oel zu poliren ist nicht möglich und man würde auch nie die nöthige Elastizität erreichen. Köhler verfährt in der Weise, dass er zunächst die Arbeit mit Hobel, Ziehklinge und Glaspapier vollkommen fertig stellt und dann mit einem breiten weichen Pinsel eine Lösung von Schellack wiederholt und so oft aufträgt, bis eine gewisse Deckung des Holzes erreicht ist. Dann werden die nachfolgenden Auftragungen nach dem Trocknen jedesmal geschliffen und zuletzt mit dem Ballen der Hand abgerieben, wodurch der schönste Glanz erzielt werden soll. Sein Verfahren ist also ein Lackirverfahren. Hinsichtlich der Polituren ist zu bemerken, dass dunkle Polituren nur für dunkle Hölzer genommen werden dürfen und dass man bei hellen Hölzern, besonders aber bei mit hellen Farben gebeizten Hölzern unbedingt nur weisse Politur anwenden soll.

Beim Lackiren der Holzarbeiten mit Spirituslacken (ich spreche hier nur von diesem) müssen dieselben, wie aus dem vorher Gesagten ersichtlich, ebenfalls in allen Theilen ausgearbeitet und nach Möglichkeit geglättet sein. Das Lackiren geschieht mittelst eines breiten weichen Borsten- oder Haarpinsels, welchen man in den Lack mit dem ersten Viertel eintaucht, leicht abstreicht und nun in raschen Zügen über den zu lackirenden Gegenstand fährt, wobei man beachtet, keinen Theil ungedeckt zu lassen, aber auch auf keine Stelle zweimal zu kommen, weil man an dem bereits zu trocknen beginnenden Lacke unfehlbar hängen bleiben würde. Namentlich muss auch die Blasenbildung vermieden werden, weil diese nicht mehr vergehen und der lackirten Fläche ein rauhes Ansehen geben. Ein zweiter Auftrag des Lackes kann immer erst dann stattfinden, wenn der erste trocken geworden ist und auch das Schleifen, anfangs mit feinstem Glaspapier und späterhin mit Trippel oder Ossa sepia darf erst dann vorgenommen werden, wenn der Lack vollständig erhärtet ist.

Das Färben und Imitiren des Hornes.

Horn und Klauen finden, von verschiedenen Thieren stammend (Ochsen-, Kuh-, Büffel-, Ziegen- und Schafhörner Gnu-, Gazellen- und Antilopenhörner, Ochsenklauen und Pferdehufe) vielfache Anwendung in den Gewerben, hauptsächlich aber bei der Erzeugung von Kämmen, Löffeln, Gabeln, Galanteriewaaren sowie von Knöpfen. Zu ersteren finden ausschliesslich Hörner, zu letzteren vielfach Klauen und Hufe Benutzung und scheidet sich die Färbung des Hornes nach einem dieser beiden Zwecke. Drechsler und Kammmacher bezwecken beim Färben das Horn entweder gleichmässig schwarz zu erhalten oder demselben eine schildpattartige Färbung zu geben: der Knopffabrikant hingegen muss seine Erzeugnisse in allen erdenklichen Farben herstellen und ziemlich umfangreiche Kenntnisse im Färben besitzen.

Eine der wichtigsten Farben für Horn ist ein schönes gleichmässiges Schwarz und hat schon Professor Wagner eine ausgezeichnte Methode für dieselbe angegeben[1]), nachdem ihm die bisherige Methode des Färbens durch Einlegen des Hornes in einem feuchten Brei von Mennige, gelöschten Kalk und Wasser bekannt gewesen, bei

[1]) Dingler polyt. Journal Bd. 130. p. 420.

welcher sich in Folge des Schwefelgehaltes des Hornes schwarzes Schwefelblei bildet. Der Nachtheil, den auf diese Weise gefärbte Kämme zeigten, bestand in der Krümmung der Zähne der Kämme, sowie darin, dass sich diese in feuchten Lokalen bald mit einem weissen Anflug von schwefelsaurem Bleioxyd bedeckten, liess, trotz der sonst schönen und auch ziemlich tiefen Färbung, ein besseres Verfahren wünschenswerth erscheinen, und es wurde eine Lösung von Chlorquecksilber, welche durch Schwefelleberlösung in schwarzes Schwefelquecksilber umgewandelt wird, am geeignetsten erkannt. Zur Bereitung der Quecksilberlösung löst man ohne Wärmeanwendung $133^1/_3$ Gr. Quecksilber in $133^1/_3$ Gr. conzentrirter Salpetersäure auf und verdünnt mit $^1/_2$ Liter Wasser. In diese Lösung legt man die zu beizenden Kämme und lässt sie eine Nacht darin liegen; sodann entfernt man sie aus der Flüssigkeit, spült sie mit etwas Wasser ab, welches zu der Quecksilberlösung zurückgegossen wird, und wäscht sie von neuem mit Wasser, bis das ablaufende Wasser nicht mehr sauer reagirt. Die Kämme haben durch diese Behandlung eine rothe Färbung angenommen, die, wenn die Quecksilberlösung conzentrirter angewendet wurde, in's Braune geht, so dass diese Farbe, wenn sie blos örtlich (an einzelnen Stellen) hervorgebracht wird, leicht zur Herstellung von Schildpatt-Imitation dienen kann. Die rothgebeizten Kämme bringt man in eine Lösung von 100 Gr. Kalischwefelleber in 1 Liter Wasser und belässt sie höchstens 1—2 Stunden in derselben. Die nun schwarzgefärbten Kämme werden zuerst mit reinem, dann mit essighaltigem und zuletzt wieder mit reinem Wasser gewaschen, getrocknet und polirt.

Salpetersaures Silberoxyd[1]) ist entschieden zu theuer, Blauholz- und Galläpfelbeizen sind nicht empfehlenswert[2]), da beide nur schwierig kalt anzuwenden sind und eine höhere Temperatur die Kämme verdirbt. Dagegen erhält man mit Blauholzabkochung und doppeltchromsaurem Kali (essigsaurem, schwefelsaurem Eisen[3]) schon bei gewöhnlicher Temperatur eine schwarze Färbung; die Kämme leiden nicht, aber die erzeugte Farbe widersteht der Einwirkung verdünnter Alkalien nur unvollkommen.

Braune Färbung erzielt man auf Horn mittelst Catechu und doppeltchromsaurem Kali, mittelst einer Lösung von übermangansaurem Kali und mittelst Bleizucker und salpetersaurem Bleizucker, 100 Gr. krystallisirtes Quecksilberoxydul (10 Gr. Wasser, 10 Gr. salpetersaures Quecksilberoxydul, 120 Gr. Wasser. Man erhält eine schöne silbergraue Färbung, welche man in chocoladebraun überführt, wenn das Horn in eine Catechu-Abkochung eingelegt wird[4]). Auch Schweidewasser kann mit Vortheil zum Braunfärben benutzt werden.

Helle Farben lassen sich auf Horn nur schwierig herstellen, weil die ungleichmässig streifenartige Beschaffenheit des Materials eine schöne ebenmässige Färbung nicht zulässt, sondern dieselbe durch die verschiedenartige Zeichnung des Hornes fleckig wird. Aus diesem Grunde hat man Versuche angestellt, dem Horne eine Färbung zu geben, eine weisse Oberfläche auf demselben herzustellen, welche sich dann beliebig und gleichmässig in

---

[1]) Kühn, Handbuch f. Kammmacher p. 129.

[2]) Dingler, polyt. Journal Bd. 130. p. 420.

[3]) Andés, Verarbeitung des Hornes p. 44; Dingler polyt. Journal Bd. 130. p. 420.

[4]) ebenda p. 55.

jeder hellen Farbe färben lässt. Um diesen weissen Untergrund zu erzielen, also weiss zu färben, wird das Horn zuerst mit Mennige, Kalk und Wassr braun gebeizt, dann in reine, arsenikfreie Salzsäure gebracht und hierdurch das durch den Schwefel des Hornes entstandene Schwefelblei in Chorblei überführt, welches eine milchweisse Farbe giebt.[1]) Auf diesem weissen Grund lässt sich mittelst Theerfarbstoffen jede beliebige Nuance ausfärben und gelten hierbei die beim Färben von Holz gegebenen Anweisungen. Die bekannte perlmutterartige Färbung wird hervorgerufen, indem man nach Mann[2]) das Horn in gesättigter Bleizuckerlösung kocht und dann in sehr verdünnte Salzsäure legt. Dass dieses Verfahren bei Kämmen, deren Zähne durch das Kochen leiden würden, nicht anwendbar ist, bedarf wohl keiner Erwähnung. Dagegen bekommt man sehr schöne Resultate, wenn man Hornkämme über eine Nacht in eine kalte wässerige Auflösung von salpetersaurem Bleioxyd (im Verhältniss von 1 : 4) legt, sie nach dem Abtropfen $^1/_4$ bis $^1/_2$ Stunde in einer 3% Salzsäure haltende Flüssigkeit bringt und dann mit Wasser abspült. Wird auf diese perlmutterartige Färbung noch eine Theerfarbstofflösung aufgebracht, so erzielt man damit die mannigfachsten Resultate, wie sie jetzt auf Modeknöpfen vielfach verwendet werden; ganz zarte Farben, welche nur einem Hauch gleichen, stellt man mit entsprechend verdünnten Farbstofflösungen her. Eine ganze Reihe von Färbungen auf Horn führt Andés[3]) an und auch in anderen periodisch

---

[1]) Fürther Gewerbe-Zeitung.

[2]) Dingler polyt. Journal.

[3]) Verarbeitung des Hornes etc. p. 44—60.

erscheinenden Zeitschriften finden sich vielfach Anleitungen zum Färben dieses Materiales, die aber auch immer wieder auf den zum Holzfärben benutzten Färbemitteln beruhen, so dass sie hier schliesslich keiner weiteren Erwähnung bedürfen. Von besonderer Wichtigkeit für den Hornarbeiter ist das Imitiren des Schildpattes auf Horn und haben es Arbeiter im Imitiren zu solcher Fertigkeit gebracht, dass es oft schwer hält die Imitation von dem echten Schildpatt zu unterscheiden. Die Arbeit besteht darin, dass man dem hellen Horn entweder einen etwas gefärbten Grund giebt oder es auch in seiner Naturfarbe belässt und auf dasselbe die dunkelfärbende Färbe- oder Beizmasse in unregelmässigen Flecken aufbringt; je ähnlicher diese Flecken der dunklen Zeichnung des Schildpattes sind und je natürlicher die Färbung nachgeahmt ist, um so natürlicher und vollkommener erscheint auch die Imitation. Als Mittel, um die dunklen Flecke hervorzubringen werden angewendet[1]) a. ein Teig aus 2 Theilen ungelöschtem Kalk, 1 Theil Bleiglätte und der erforderlichen Menge Seifensiederlauge; b. Operment (Schwefelarsenik) und Kalkwasser; c. Bleiglätte, ungelöschter Kalk und Salmiakgeist; d. Lösung von Gold in Königswasser; e. Lösung von salpetersaurem Silberoxyd; f. Lösung von salpetersaurem Quecksilberoxyd; g. ein Teig aus Mennige, Potasche und Kalk u. s. f. Man kann nun entweder diese Färbemittel mit einem Stückchen Holz auf das Horn auftragen, wobei man auf die Form der Flecken zu achten hat oder aber dem Horn mittelst einer Schichte Wachs eine Decke geben auf dieser die Zeichnungen anbringen, das Wachs mittelst

[1]) Dietrich, Encyklopädie praktischer Recepte. p. 440.

eines Messers oder Grabstichels entfernen und nun erst das Färbemittel aufbringen. Beim Behandeln mit Mennige, Potasche und Kalk[1]) macht man diese in einem Topfe mit Wasser an, trägt den Teig mit einem Span auf jene Stellen auf, wo braune Flecken entstehen sollen und lasse denselben etwa eine Stunde in der Wärme liegen. Je reiner, heller und gelber das Horn ist und je mehr Potasche man genommen hat, desto brauner werden die Flecken; doch darf auch nicht zu viel davon genommen werden, weil das Horn sonst schadhaft wird.

Burniz[2]) legt das zu färbende Horn in eine Lösung von kaustischem Kali, worin es je nach der Stärke der Lauge 5 Minuten bis 1 Stunde liegen bleibt, und trägt dann in geeigneter Consistenz, so dass sich die Conturen nicht verwischen, die Masse auf; ist die aufgebrachte Masse trocken, so nimmt man sie mit einer Spachtel weg und kann sie neuerlich verwenden. Die Methode von Lindner[3]) besteht in Folgendem: Das mit verdünnter Salpetersäure (3 Th. Wasser, 1 Th. Salpetersäure) bei einer Temperatur von 25 bis 30° R. präparirte Horn wird mit der gewöhnlichen, aus 2 Th. Soda, 1 Th. frisch gebranntem Kalk und 1 Th. Bleiglätte bereiteten Mischung angebeizt. Diese Operation lässt man indessen nur 10 bis 15 Minuten andauern, damit die dadurch erzeugten Flecken nur gelbbraun, nicht dunkelbraun erscheinen. Hieraufspült man die Beize ab, bringt das Horn in eine kalte Färbeflüssigkeit aus 4 Th. Rothholz und 1 Th. Aetznatron von 20° Bé., wäscht es in reinem Wasser, trocknet und polirt nach

[1]) Schmidt, Beizen etc. des Holzes p. 192.
[2]) Gewerbeblatt aus Württemberg 1962. No. 9.
[3]) Polytechnisches Centralblatt 1854. p. 258,

16 Stunden. Nach Schmidt[1]) überzieht man das Horn zunächst mit Wachs, entweder so, dass man solches mit einem Pinsel aufträgt oder dasselbe in dieses eintaucht. Ist das Wachs erstarrt, so nimmt man mit Hilfe eines eisernen Griffels an allen Stellen das Wachs rein weg, denen man eine Färbung geben will, und trägt eine Auflösung von Silber in Scheidewasser auf die freien Stellen, wodurch eine dunkelbraune Färbung derselben erzielt wird. Um das Feuer der Schildpatt-Imitation zu erhöhen, kann man bei gewissen Gegenständen, z. B. Messerschalen u. dgl. gelbe oder weisse Metallblättchen (Folien) unterlegen und lassen sich damit sehr schöne Effecte erzielen.[2]) Bringt man das in Bleiglätte mit Kalk und Salmiakgeist gebeizte Horn in sehr verdünnte Salzsäure, so bildet das entstehende Chlorblei eine sehr schöne Perlmutter-Imitation. Da man bei Belegung von Möbeln mit imitirtem Schildpatt sehr auf lebhafte Färbung des letzteren sieht, so überstreicht man die Innenseiten der Platten mit rothem Lack oder Zinnober; anstatt der rothen Unterlage kann auch ein schwaches Messingblech oder Rauschgold unterlegt werden. Eine neue Anleitung zum Imitiren von Schildpatt giebt Kayser[3]). Man fügt zu gebranntem Kalk soviel Wasser, dass er zu Pulver zerfällt; ferner setzt man zu 10 Th. Bleiessig so viel 50%ige Kalilauge, bis der entstandene Niederschlag sich wieder gelöst hat. Mit der erhaltenen Bleilösung vermischt man so viel gelöschten Kalk, bis ein dünner Brei entstanden ist, welchen man auf das zu behandelnde Horn in entsprechender Weise aufträgt, wie es den dunkleren

[1]) Beizen etc. des Holzes. p. 191.

[2]) Andés, Verarbeitung des Hornes etc. p. 53.

[3]) Jacobsen, Repertorium 1886. I. p. 69.

Zeichnungen des Schildpattes entspricht. Da die durch das aufgetragene Präparat bewirkte Färbung um so dunkler wird, je länger die Einwirkung dauert, so hat man es in der Hand, beliebige Nüancen herzustellen. Aus Elfenbein wird künstliches Schildpatt[1]) angefertigt, indem man dünne Plättchen desselben mit verdünnter Salzsäure behandelt, wodurch es weich und biegsam wird, dann in einem Absud von Eichenrinde oder Knoppern gerbt, wobei es eine roth- oder gelbbraune Farbe, die völlig durchsichtig ist, erlangt. Trocknet man es in diesem Zustande, so kann man ihm durch Goldauflösung, stellenweise mittelst eines spitzigen Schwämmchens oder eines Pinsels aufgetragen, täuschend das braungefleckte Aussehen des Schildplatts geben.

Klares, durchsichtiges, in entsprechender Weise gefärbtes Celluloid findet vielfache Anwendung als Horn- und Schildpatt-Imitation; aus Leimmassen fertigten J. Fichtner & Söhne in Atzgersdorf b. Wien[2]) schon vor längerer Zeit täuschend ähnliche derlei Imitationen, doch haben dieselben nach Lehner[3]) in neuerer Zeit an Bedeutung verloren, weil sich Celluloid weit dauerhafter erwiesen hat. Zu ihrer Herstellung wird die Leimmasse gefärbt (mit Pikrinsäure und Anilinbraun), dann geschnitten, getrocknet, und wenn sie noch klebrig erscheinen, die Zeichnungen mittelst eines Pinsels mit rothem Theerfarbstoff aufgetragen. Schliesslich wird der Leim mit doppeltchromsaurem Kali in Wasser unlöslich gemacht. Die Celluloidfourniere werden, um Schildpatt-

[1]) Kühn, Handbuch f. Kammmacher. p. 58.

[2]) Gindl. offizieller Ausstellungsbericht Wien 1873; auch Fleck in Dingler polyt. Journal Bd. 231. p. 523.

[3]) Lehner, Imitationen p. 86.

Imitation herzustellen, mit Pikrinsäurelösung gefärbt und die das Schildpatt charakterisirenden rothbraunen Flecken ebenfalls durch Aufmalen von weingeistigen Anilinbraun- und Fuchsinlösungen hergestellt. Diese Lösungen dringen tief in die Fourniere ein und nach dem Trocknen werden dieselben durch Reiben mit wollenen Tüchern wieder glänzend gemacht. Kämme u. dergl. werden erst bemalt, wenn sie in Bezug auf ihre Form vollständig fertig gestellt sind. Incrustationen von glattgewalzten Metalldrähten, Sternchen aus dünnem Gold und Silberblech etc. werden in das Celluloid mittelst Walzen zwischen zwei Metallplatten eingepresst und hierauf polirt.

Die beim Bearbeiten des Hornes entstehenden Abfälle, Feil- und Raspelspäne dienen vielfach, um aus ihnen eine Horn-Imitationsmasse herzustellen, welche ganz dieselben Eigenschaften wie das natürliche Horn zeigt und namentlich zu Knöpfen u. dgl. benützt werden kann. Die Abfälle werden entweder in heissem Wasser erweicht und dann unter hohem Druck comprimirt, oder man behandelt sie längere Zeit mit alkalischen Lösungen und presst sie erst dann. Gute Resultate erreicht man erst dann, wenn man die Hornabfälle mit einer stark gesättigten Lösung von Potasche und Kalk übergiesst, in welcher sie in einen gallertartigen Zustand übergeht, in dem sie sich unter Anwendung eines mässigen Wärmegrades in Formen giessen und pressen lässt; wiederholtes Pressen unter Anwendung von Wärme giebt dann die vollendete Gestalt. Ein anderes Verfahren nimmt als Lösungsmittel 1 Kilogr. ungelöschten Kalk, 500 Gr. Potasche, 40 Gr. Weinstein in Wasser, in welches die Hornspäne eingebracht und so lange gekocht werden, bis eine homogene Flüssigkeit entsteht, welche in gut geölte Formen gegossen wird. Jul. Pathe[1]) in Berlin stellt aus Hornspänen eine consistente Hornsubstanz her, indem er diese in eine kaltgesättigte Flüssigkeit aus Borsäure in Wasser und eine kaltgesättigten Lösung von arseniger Säure in verdünnter Salzsäure von 1.3 spez. Gewicht einlegt; die erstere Lösung soll das doppelte Gewicht von Borsäure der arsenigen Säuren enthalten. Die Masse wird dann eine Stunde in ein Wasserbad von ca. 60° C. gestellt und endlich die Hornsubstanz in geschlossenen eisernen Formen, auf 120° erhitzt, durch einen Stempel einem starken Drucke unterworfen, bis alle Flüssigkeit entfernt ist. Die so gepresste Masse bildet nach dem Erkalten feste Hornplatten, die sich wie natürliches Horn verarbeiten lassen und sich durch Geschmeidigkeit und Elasticität auszeichnen.

Nach dem Macpherson'schen Verfahren[1]) werden Hornabfälle in möglichst reinem Zustande in Baumwollenzeug eingepresst, mit heissem Wasser vollkommen gesättigt und in metallenen Formen, die auf 150° C. erhitzt sind, so lange gepresst, bis die überflüssige Feuchtigkeit entfernt ist; behufs weiterer Verarbeitung schneidet man die gewonnenen Platten in entsprechende Stücke und presst sie nochmals in Formen, in welchen die Gegenstände ihre endgiltige Gestalt erhalten. Das Verfahren gestattet, die äussersten Schichten aus dem Pulver besten Hornes bestehen zu lassen und dieselbe vor dem Pressen beliebig zu färben; auch können beim Pressen Verzierungen aus Metallen, Schildpatt, Perlmutter, Hölzern, Glas etc. angebracht werden. Robbiati[3]) wendet zur Erzeugung von Hornartikeln (Knöpfen) nicht nur

[1]) D. R. P.

[2]) Repertory of Patent Inventions 1859. p. 209.

[3]) D. R. P. No. 12,270.

Hornabfälle an, sondern er bringt Horn eigens in Pulverform, welches unter dem Mikroskope die Form ganz feiner Späne haben muss, um gute Resultate zu erzielen. Sein Verfahren, bei welchem er besondere Vorrichtungen anwendet, besteht darin, Horn zu pulverisiren, das Pulver in cylindrischen Formen während einer gewissen Zeit hohem Druck und erhöhter Temperatur auszusetzen und endlich die auf diese Weise erhaltenen Horncylinder in Scheiben zu schneiden, welche dann wieder verarbeitet werden.

Um Horn in solchen Zustand zu bringen, dass es sich in Formen pressen lässt, wie dies für Stock- und Schirmgriffe etc. nöthig ist, soll man nach Geissler[1]) $^1/_2$ Kilogr. schwarzen Alikant(?), 375 Gramm frisch gebrannten Kalk mit 2 Liter heissem Wasser übergiessen, in die Flüssigkeit das Horn 2—3 Tage einlegen, bis das Wasser roth ist, dann in heissen Formen pressen und nach dem Herausnehmen in scharf getrocknetes Kochsalz legen. Durch Einlegen in heisses Wasser oder Oel erreicht man das gleiche Resultat.

Für das Metallisiren des Hornes[2]) muss bemerkt werden, dass die Behandlung des Hornes zum Zwecke derselben jedes Angreifen mit fettigen Händen ausschliesst, überhaupt vorsichtig geschehen muss, soll eine günstige Färbung erzielt werden, denn nur auf kaltem Wege können die Färbungen erreicht werden, indem sonst die durch Wärme gebogenen Hornarbeiten sich wieder strecken würden, wollte man sie durch eine heisse Beize färben.

Die Gegenstände werden in gewöhnlicher Beize fertig

---

[1]) Andés, Verarbeitung des Hornes etc. p. 83.

[2]) Zeitschrift für Drechsler.

gemacht, in die Beizflüssigkeiten eingelegt, deren Zusammensetzung und Bestandtheile sich nach der gewünschten Nüance selbst richten. Bei Anwendung von Kupferchlorid und Bleiflüssigkeit wird auf Horn eine schwarze Bronzefärbung erzielt, dagegen ertheilt eine verdünnte Zinkchromatlösung (chromsaures Zinkoxyd) eine grünmetallisch schimmernde Färbung und durch gleiches Verfahren mit einer Lösung von Kupferchromat in Wasser erhält man eine braunmetallische Färbung. Wird eine oder die andere dieser Färbungen nachträglich mit Jodkalium behandelt, so wird damit eine hochrothe metallisch glänzende Färbung erreicht. Die Sachen werden, nachdem sie aus der Beize genommen sind, gut mit Löschpapier abgetrocknet und in trockener Luft von 50° C. erwärmt. Eine schöne goldgelbe Färbung wird erzielt. wenn man das Horn mit einem Gemenge von 1 Theil Quecksilber, 3 Theilen Zinn und 1/2 Theil Schwefel einreibt und den so gebeizten Gegenstand kurze Zeit in heissen Sand steckt.

Auch durch Behandeln des Hornes mit conzentrirten Lösungen von Fuchsin bez. Methylviolett in Alkohol, sowie durch längeres Kochen in einer wasserlöslichen Eosinfarbe können sehr hübsche grüne und braune metallisch glänzende Färbungen erlangt werden, welche aber leicht Farbe ablassen. Als eine besondere Art der Metallisirung des Hornes kann man das Ueberziehen aus diesem Material gefertigter, in gravirten Stanzen gepresster Knöpfe mit conzentrirten Theerfarbenlösungen in Verbindung mit einem Harze betrachten. Das Verfahren fand ursprünglich nur Anwendung auf Putzfedern, wurde aber dann auch auf Knöpfe und dergl. ausgedehnt und lassen sich damit ganz brillante Effekte erzielen. Man stellt zunächst eine gesättigte Auflösung von Fuchsin (für grün) oder von Methylviolett (für braun) in Alkohol dar, indem man etwa 5 Gr. Farbstoff auf 50 bis 70 Gr. Spiritus nimmt und löst in der so hergestellten Farbelösung noch 6—8 Gr. Sandaracharz oder gebleichten Schellack auf. Mit diesen Flüssigkeiten werden die Knöpfe überstrichen und zwar zeigt Fuchsin den grünen Metallglanz, während Methylviolett braun schimmert; bringt man diese gefärbten Knöpfe in einem geschlossenen Raum mit Chlordämpfen in Berührung[1]), so erhält man je nach der Dauer der Einwirkung eine Reihe von Farbentönen, welche anfänglich rosa, dann dunkelroth, violett, hellblau, dunkelblau, hellgrün, dunkelgrün, gelbgrün und endlich gelb werden. Mit der letzteren Färbung werden die Veränderungen, welche die genannten Farbstoffe durch Chlor erleiden beendet, alle erzielten Färbungen aber zeichnen sich durch hohen Glanz und ein ganz eigenthümliches, irisirendes Farbenspiel aus, welches mit keinem anderen Färbemittel erreicht werden kann. Die Anwendung des auf die Athmungsorgane unangenehm einwirkenden Chlorgases lässt sich umgehen[2]), wenn man schwache Säuren, Essig, Lösungen verschiedener Salze, namentlich aber eine Lösung von übermangansaurem Kali anwendet. Ueberstreicht man mittelst eines feinen Pinsels die gefärbten Hornknöpfe mit verdünnter Salzsäure, so erzielt man eine in Regenbogenfarben schillernde Oberfläche; hellrothe irisirende Färbung erreicht man mit Essig; eine tiefdunkelgrüne Färbung durch Ueberwischen mittelst eines mit Oel befeuchteten Läppchens und weitere ähnliche Effecte

---

[1]) D. R. P. Nr. 7948.

[2]) Andés, Verarbeitung des Hornes etc. etc. p. 62.

mit Kupfer- und Eisenvitriol, doppeltchromsaurem Kali, Kochsalz, Borax etc. in wässerigen Lösungen. Mit einer Auflösung von übermangansaurem Kali lassen sich dieselben Färbungen wie mit Chlor herstellen, je nachdem man diese Lösung verdünnter oder conzentrirter nimmt, oder längere oder kürzere Zeit einwirken lässt. Es empfiehlt sich, die Knöpfe mittelst eines Pinsels zu bestreichen, weil sich dieselben durch Einlegen in die Flüssigkeit sehr leicht verziehen.

Um Horn zu vergolden, bedarf man nicht wie bei Holz einer Unterlage, eines sogenannten Grundes, da man zu dicke Schichten erhalten würde, welche einestheils nicht schön aussehen, anderentheils aber in Folge ihrer Dicke leicht abspringen. Aus diesem Grunde überzieht man zu vergoldende Hornarbeiten sehr dünn mit Vergolderfirniss und legt, noch ehe derselbe vollständig trocken geworden ist, das Blattmetall möglichst glatt auf; nach dem Auflegen drückt man es mit Baumwolle fest an, lässt einige Tage trocknen, entfernt anhaftendes Metall mit einem zarten Pinsel und glättet schliesslich mit dem Polirstahl. Sollen Arabesken oder sonstige Verzierungen angebracht werden, so paust man die Zeichnung auf das Material auf, führt die Linien derselben mit Vergolderfirniss aus und bringt ganz so wie früher das Blattmetall auf. Bronzirung des Hornes führt man aus, indem man entweder die ganze Fläche voll anlegt oder die Zeichnung mittelst Vergolderfirniss ausführt, das Bronzepulver aufstäubt und nach vollständigem Trocknen anhängende Bronze mit einem weichen Pinsel abstäubt. Beim Versilbern von Horn[1]) wird solches, ebenfalls voll-

[1]) Encyclopädie praktischer Rezepte p. 708.

ständig fettfrei, mit einer gesättigten Auflösung von Gallussäure und dann mit einer Lösung von 20 Theilen salpetersaurem Silberoxyd in 100 Theilen Wasser bestreichen. Das Bestreichen wird abwechselnd so lange wiederholt, bis die schwarze Färbung durch einen schwachen Silberglanz ersetzt ist und bestreicht sie nochmals mit Silberlösung; Abreiben mit Weinsteinlösung vervollständigt die Versilberung.

Perlmutter- und Metalleinlagen in Horn und Schildpatt werden hergestellt, indem man das Horn in heissem Wasser erweicht, die Einlagen einer auf Papier gemachten Zeichnung entsprechend ausgeschnitten oder ausgestanzt, mittelst Leim auf dem Papiere befestigt, das Ganze um das erweichte Horn legt und nun in einer erwärmten Form presst. Beim Pressen in der Form drücken sich die Einlagen in die Hornmasse, so dass solche genügend befestigt erscheinen; schliesslich wird das überflüssige Horn abgefeilt, polirt und noch etwaige Gravirungen angebracht.

Schafhörner, welche auf Stock- und Schirmgriffe häufig verarbeitet werden, haben ein unansehnliches trübes Aeusseres und werden klar und durchsichtig gemacht, indem man sie mehrere Stunden in Leinöl kocht; setzt man dem Leinöl Färbemittel zu so lassen sich auch gleichzeitig beliebige Färbungen herstellen.

Die Hornarbeiten werden mit gebrannten Knochen, Hirschhorn, Ziegelmehl und auch Holzasche, Bimsstein geschliffen und mit geschlemmter Kreide und ein wenig Essig mittelst wollener Lappen oder einer mit Filz überzogenen Schleifscheibe polirt. Behufs besserer Conservirung dieser Politur und Erzielung eines höheren Glanzes werden Hornarbeiten auch ganz ähnlich wie Holz polirt, nur muss die Politur bedeutend dünnflüssiger sein, und auch lackirt. Zum Lackiren finden ganz dünnflüssige Spirituslacke, deren Hauptbestandtheil Schellack ist, Anwendung und kann der mittelst eines feinen Pinsels aufgetragene Lacküberzug nur wie ein Hauch sein, weil er sonst das Horn unansehnlich macht und sich auch zu rasch abnutzt. Der Pinsel darf nur wenig Lack enthalten und die zu lackirenden Objecte müssen mit einem einzigen Pinselstriche ihren Glanz erhalten, weil das schnelle Trocknen ein zweimaliges Ueberfahren nicht erlaubt. Bei der besonderen Dünnflüssigkeit der Lacke muss die Blasenbildung durch vieles Bewegen desselben und der Pinsel unbedingt vermieden werden, weil nur blasenfreie Ueberzüge auch zu einer glatten und hochglänzenden Schichte eintrocknen. Die Lacke lassen sich mit Theerfarbstoffen beliebig färben, was namentlich für schwarze Hornarbeiten von besonderer Wichtigkeit ist, weil auf diese Weise Fehler in der Schwarzfärbung des Hornes verdeckt werden. Auch tragen die Lack- und Politurüberzüge viel dazu bei, die natürliche Politur des Hornes zu erhalten und derselben beim Anfassen das fettige Gefühl zu benehmen.

Das Bleichen, Färben und Imitiren der Knochen und des Elfenbeins.

Die Knochen enthalten ziemlich grosse Mengen Fett, welches, ehe sie zum Bleichen und Färben gebracht werden, aus demselben entfernt werden muss, indem man sie, nach dem älteren Verfahren, in entsprechende Theile zersägt und hierauf mit Wasser, welches Potasche enthält, auskocht. Beim Kochen müssen die Knochen stets vom Wasser bedeckt bleiben, dürfen nicht aus demselben herausragen und das verdampfende Wasser muss stets durch frisches, aber ebenfalls kochendes Wasser ersetzt werden. Der gebildete Schaum wird abgenommen, die Knochen dann neuerlich in kochendes Wasser gebracht und dies so lange fortgesetzt, bis sich keine Fettspuren mehr auskochen. Die so ausgekochten Knochen werden entweder an die Luft gelegt und im Laufe der Zeit häufig mit Wasser übergossen oder man bringt sie in durchlöcherten Kästen einige Wochen lang in fliessendes Wasser und trocknet sie dann vorsichtig zwischen Sägespänen. Das neuere Verfahren beruht auf der Lösungsfähigkeit des Fettes in Benzin und lässt man gespannte Dämpfe des lezteren einwirken, welche die Knochen vollkommen durchdringen und verdichtet alles Fett mit sich fortführen. Der zum Entfetten der Knochen dienende Apparat (es sind verschiedene Constructionen bekannt) besteht aus einem Extractionsgefäss mit Mannloch, Vorrichtungen zur directen und indirecten Dampfheizung, Manometer, Siebboden etc. versehen, einer Destillirblase mit Dampfschlange und Dampfblaserohr, einem Kühlapparate mit Vorrichtung zur Scheidung von Wasser und Benzin, einem Vorrathsbehälter für das Petroleumbenzin, einer Luftdruckpumpe und den nöthigen Verbindungsröhren, Hähnen etc. In das Extractionsgefäss werden die Knochen eingebracht, mittelst der Luftdruckpumpe die erforderliche Benzinmenge zugeleitet und mittelst indirectem Dampf erwärmt. Die sich entwickelnden Dämpfe von Benzin treiben die Luft aus den Knochen und dem Extractionsapparate, gelangen theilweise in den Kühlapparat, wo sie verdichtet und dem Vorrathsbehälter wieder zugeleitet werden. Ist auf diese Weise alle Luft entwichen, so wird das Extractionsgefäss abgeschlossen, um den erforderlichen Druck von mehreren Atmosphären zu erreichen und denselben längere Zeit andauern zu lassen, so lange überhaupt, bis die Entfettung eine vollständige ist. Die unter dem Siebboden angesammelte Fettlösung wird in die tiefer stehende Destillirblase abgedrückt und dann weiter abdestillirt, wodurch Fett und Benzin gewonnen werden. Die Knochen werden nach Entfernung der Benzindämpfe so lange mit Wasserdampf behandelt, bis auch die letzten Reste Benzin entfernt sind. Beim Auskoche-Verfahren ist es von Wichtigkeit, nur frische Knochen demselben zu unterwerfen, weil, wenn der Knochen längere Zeit liegt, das in demselben enthaltene Fett gelb und ranzig wird, der Knochen selbst lässt sich dann nicht mehr schön weiss kochen und auch das Bleichen ist mit besonderen Schwierigkeiten verbunden, wenn es gelingen soll.

Vorbedingungen zum Bleichen und Färben der Knochen sind die absolute Fettfreiheit derselben, weil die Bleichung sich sonst schlecht vollzieht und die gleichmässige schöne Färbung nicht gelingt.

Zum Bleichen der Knochen sind verschiedene Verfahrungsweisen bekannt; die Sonnenbleiche liefert auch hier ausgezeichnete Resultate, schreitet aber so langsam vor, dass man sie meist mit chemischen Mitteln unterstützt, welche entweder direct bleichende Gase (Chlor) oder aber Ozon (Terpentinöl) entwickeln. Die ausgekochten Knochen legt man einige Tage lang in ein Gemisch von 1 Theil Chlorkalk und 4 Theilen Wasser, wäscht sie mit reinem Wasser ab und trocknet sie an einem luftigen Orte, noch besser aber, man setzt sie einige Tage der Einwirkung des Sonnenlichtes aus, wobei man sie häufig mit reinem Wasser besprengt; ein anderes Bleichverfahren mit Chlorkalk besteht darin, dass man die Knochen in Javelli'sche Lauge legt, dann an die Sonne bringt und mit der Bleichlauge zeitweilig übergiesst. Nach dem Verfahren von Augenstein[1]) löst man Alaun in Wasser und behandelt mit dieser die zu bleichenden Knochen.

Weitere Vorschriften zum Bleichen von Knochen lauten: 1) Die Knochen[2]) werden einige Tage lang in eine Mischung von 1 Gewichtstheil Chlorkalk und 7 Gewichtstheilen Wasser gelegt, dann abgewaschen und im Luftzuge getrocknet. 2) Man kocht die Knochen 2 bis 3 Stdn. lang in einer durch 8 Theile Wasser verdünnten Lauge, hergestellt durch Kochen einer Lösung von

[1]) Andés, Verarbeitung des Hornes etc. p. 126.

[2]) Jacobsen, chem.-techn. Repertorium 1881/p. 80. I.

$^1/_2$ Kilogr. Potasche in 10 Kilogr. Regenwasser und einer aus $1^1/_4$ Kilogr. Kalk bereiteten Kalkmilch. Darauf kocht man sie nochmals mit reinem Wasser, spült gut ab und trocknet. 3) Man übergiesst die Knochen in einem gut schliessenden Gefäss mit Terpentinöl oder Benzin und lässt sie 10 Stdn. damit in Berührung, dann kocht man sie mit Wasser, welchem etwas ordinäre Kernseife zugesetzt ist, spült gut ab, trocknet an der Luft bei Abschluss des directen Sonnenlichtes. 4) Die Knochen werden gut in heissem Wasser ausgekocht und noch ganz heiss in Terpentinöl geworfen, darin vollständig erkalten lassen, sodann auf dichten Netzen an der Sonne getrocknet und hierbei öfters gewendet. Dieser Prozess wird öfters wiederholt. 5) Die gut mit Wasser ausgekochten Knochen werden noch heiss in eine Flüssigkeit, bestehend aus 200 Th. Wasser, 20 Th. Salmiakgeist 3 Th. phosphorsaurem Natron und 2 Th. Aether (?) gebracht und darin erkalten gelassen. Auch dieses Verfahren ist mehrmals zu wiederholen. 6) Man legt die Knochen 2 Tage lang in eine Lösung von 1 Th. Salz und 1 Th. phosphorsaurem Natron, darauf kocht man sie in einer Lösung von 1 Th. schwefelsaurer Magnesia 2 Stdn. lang, schreckt sie mit kaltem Wasser ab und lässt an der Sonne trocknen.

Ein in den letzten Jahren mehrfach verwendetes Bleichmittel, das Wasserstoffsuperoxyd leistet auch beim Knochenbleichen gute Dienste, indem man die Knochen zunächst einige Stunden in die Flüssigkeit einlegt, dann an die Sonne bringt und hier öfters mit derselben begiesst, wodurch man schon in wenigen Tagen eine vollkommene Bleichung erzielt. Um Knochen unter Einwirkung von Ozon zu bleichen, verfährt man wie folgt:

In 40 Kilogr. Wasser giesst man 2 Kilogr. Terpentinöl, mischt beides tüchtig durcheinander und wiederholt dieses Mischen täglich mehrere Male durch 14 Tage. Am besten bedient man sich hierzu eines genügend grossen Fasses. Dann lässt man Abklären, zieht das Wasser von dem Terpentinöl ab und legt in ersteres die zu bleichenden Knochen ein. Nach ungefähr achttägigem Verweilen werden sie herausgenommen, auf mit Netzen bespannte Rahmen gebracht, der Einwirkung der Sonne und der Luft ausgesetzt und täglich mehrere Male mit dem terpentinölhaltigem Wasser begossen. Je nach der Einwirkung des Sonnenlichtes werden sie schon in kürzester Zeit blendend weiss geworden sein und können ohne Weiteres verwendet werden. Nach Hedinger bringt man die gut ausgekochten Knochen in fest verschliessbare Blechkapseln, übergiesst sie mit Terpentinöl und lässt sie etwa 10 Stdn. mit demselben in Berührung. Dann nimmt man sie heraus und kocht sie in Wasser, welchem man etwas grüne Seife zugesetzt hatte. Die obenauf schwimmenden Unreinigkeiten werden abgeschöpft, das heisse Wasser durch kaltes ersetzt und die Knochen an der Luft getrocknet. Ein, nach im chemischen Laboratorium des Bayrischen Gewerbemuseums angestellten Untersuchungen[1]) viel besseres Bleichmittel, als alle bisher bekannten, wie schweflige Säure, Chlorkalk und Wasserstoffsuperoxyd, ist die phosphorige Säure. Man entfettet zunächst, wie üblich, durch Digestion in Aether oder Benzin, hierauf bringt man die vom anhaftenden Aether oder Benzin durch Trocknen befreiten Gegenstände in eine 1%ige wässerige Lösung der phosphorigen

[1]) Industrieblätter von Jacobsen 1884. p. 22.

Säure, wäscht sie mit Wasser und trocknet sie. Die Gegenstände erhalten nach diesem Bleichverfahren nahezu das Aussehen von Elfenbein.

Nach dem amerikanischen Patente von J. Miller in New-York[1]) wird zum Bleichen bestimmtes Elfenbein in einem mit einer Glasplatte abgeschlossenen Kasten bei erhöhter Temperatur dem Sonnenlichte ausgesetzt und auf diese Weise gebleicht.

Ein Verfahren Knochen und Elfenbein dauernd weiss zu machen, besteht darin, dieselben mit einer weissen Farbe — Zinkoxyd zu imprägniren[2]). Die Knochen werden in eine Lösung von 25 Gr. reinem Zinkweiss, welches mit 40 Gr. Wasser zu einer gleichmässigen Pasta angemacht worden, und 50 Gr. conzentrirter Salzsäure sowie 150 Gr. Wasser, der man unter Umrühren soviel Aetzammoniak zugesetzt hat, bis das anfänglich ausfallende Zinkoxydhydrat sich wieder gelöst hat, eingelegt und bleiben einige Tage in derselben liegen. Ein Zusatz von Kupfervitriollösung giebt der weissen Farbe einen bläulichen Stich. Die mit Zinkoxyd imprägnirten Knochen- und Elfenbeinartikel (bis zum Poliren fertig gemacht) werden mit kaltem Wasser wiederholt gewaschen und an der Luft getrocknet. Sie erhalten beim Poliren einen sehr schönen Glanz, was wahrscheinlich der Bildung von kleinen Mengen Zinkweiss zuzuschreiben ist. Alte, oder durch Luftentziehung gelb gewordene Knochenfabrikate nehmen durch Einlegen in die erwähnte Zinklösung ihre frühere Farbe wieder an. Die auf diese Weise weissgefärbten Knochen- und Elfenbeinfabrikate verändern sich weder im Sonnen-

[1]) Chemiker-Ztg. Vol. 50 p. 291.

[2]) Andés, Verarbeitung des Hornes etc. p. 128.

lichte, noch durch Lichtentziehung und eignen sich namentlich für Tasten bei Clavieren, Dominosteine, Messerschalen und dergl. mehr.

Das Elfenbein ist von Natur meistens so schön weiss dass es keiner Bleichung bedarf, so dass man hier nur vom Bleichen vergilbter Elfenbeinwaaren sprechen kann; wird Elfenbein bei Licht- und Luftabschluss aufbewahrt, so nimmt es eine gelbliche Färbung an, welche sehr störend wirkt. Als einziges Mittel Elfenbein weiss zu machen, bezeichnet Schmidt[1]) Einlegen desselben in eine Bleichflüssigkeit aus 1 Theil frischem Chlorkalk und 4 Theilen Wasser, Abspülen mit reinem Wasser und Trocknen unter einer Glasglocke, wobei man es der Einwirkung des Sonnenlichtes aussetzt. Doch bleicht auch wässerige schweflige Säure, sowie Wasserstoffsuperoxyd. Nach Andés[2]) besteht das beste Mittel, die weisse Farbe neugearbeiteter Elfenbeinstücke zu erhalten, darin, dass dieselben in weisses Papier eingeschlagen dem vergilbenden Einflusse entzogen werden.

So wie viele andere animalische oder vegetabilische Stoffe lassen sich auch Elfenbein und Knochen mit den verschiedensten Färbungen versehen, doch muss schon von Anbeginn darauf aufmerksam gemacht werden, dass das Färben sich schwieriger vollzieht als beispielsweise bei Holz; bei diesem haben wir es mit einer vegetabilischen Faser zu thun, welche Flüssigkeiten leicht aufnimmt, während Knochen aus organischer Leim- und aus unorganischer Kalk- und Magnesiahaltiger Substanz bestehen. Speziell bei den Knochen ist es von Wichtigkeit

---

[1]) Beizen, Schleifen, Poliren des Holzes p. 170.

[2]) Verarbeitung des Hornes etc. p. 172.

diese Substanzen zu lockern und an ihrer Oberfläche zu zersetzen, damit sie die Färbeflüssigkeiten leichter und dauerhafter aufnehmen; diese Zersetzung darf aber natürlich nicht weit gehen und die Säure, welche man benutzt muss sehr verdünnt sein.

Gewöhnlich wendet man für diese Vorbeize Salpetersäure an, welche mit Wasser so weit verdünnt wird, dass sie etwa den Geschmack von scharfen Essig hat und die Gegenstände werden in gewöhnlicher Temperatur behandelt, weil eine höhere Wärme auch die Leimsubstanz beeinflusst, was wir nicht wünschen. Diese Behandlung sichert durch die Entfernung der obersten Kalkschichte höheren Glanz und Lebhaftigkeit[1]) der Farben, während man sonst bei Anwendung selbst überschüssiger Färbeflüssigkeit fast nur matte Farben erhält. Wenn die so vorbereiteten Knochen trocken geworden sind, können sie entweder direct in die Färbeflüssigkeiten eingelegt oder aber noch mit Lösungen von Zinnsalz (salzsaures Zinnoxydul), schwefelsaurem Zinn oder Alaun behandelt und dann erst ausgefärbt werden; durch die letztere Behandlung sichert man eine bessere Befestigung der Farben. Zum Färben selbst können alle beim Färben des Holzes genannten Färbeflüssigkeiten zur Anwendung kommen, und zwar in der Weise, dass man die zu färbenden Gegenstände in weitgeflochtene Weidenkörbchen legt, zuerst in die verdünnte Säure einhängt, herausnimmt, abtropfen lässt, hierauf entweder direct oder in die Färbeflüssigkeit oder erst in eines der oben genannten Befestigungsmittel und dann in jene bringt, in welcher sie je nach Erforderniss verbleiben. Ist die Färbung nach

---

[1]) Schmidt, Beizen, Schleifen, Poliren des Holzes etc. p. 175.

Wunsch vollzogen, so wäscht man die Gegenstände in reinem Wasser wiederholt mehrmals gut aus und trocknet nun zunächst gut mit Sägespänen, ehe man sie an die Luft bringt, weil sie sonst sehr dem Reissen ausgesetzt sind: Sonnenwärme ist unbedingt zu vermeiden.

Um ein schönes Roth zu erzielen wird, wie erwähnt, vorgebeizt, dann die Waare in eine filtrirte heisse Abkochung von Wau oder Gelbholz gebracht (grundirt), und dann in einer ammoniakalischen Cochenille-Carminlösung ausgefärbt.

Prechtl[1]) giebt folgende Vorschriften zum Färben:

Blau: mit Wasser verdünnte schwefelsaure Indigolösung.

Roth: Man beizt einige Minuten in sehr verdünnter Zinnauflösung, und dann in einer Abkochung von Fernambukspänen. Die hierdurch erhaltene rothe Farbe kann man durch Zusatz von Cochenille noch wesentlich verschönern. Zusatz von Gelbholz bewirkt eine mehr scharlachrothe Färbung; behandelt man die gefärbten Gegenstände noch mit einer sehr schwachen Potaschelösung, so wird es kirschroth.

Um gelb zu färben, legt man Elfenbein oder Knochen einige Minuten lang in Wasser, dem man etwas schwefelsaure Zinnlösung zugemischt hat, dann sogleich in heissen Gelbholzabsud; setzt man dem Gelbholz etwas Fernambukholz zu, so wird die Färbung mehr oder weniger orange. Auf Elfenbein lässt sich mittelst abgesonderter Lösungen von doppeltchromsaurem Kali und Bleizucker eine schöne gelbe Färbung erzielen.

Grün erhält man, wenn man das nach vorgenanntem

---

[1]) Prechtl' Encyclopädie.

Verfahren blau gefärbte Material einige Augenblicke in sehr verdünnte Zinnauflösung und dann in eine durchgeseihte heisse Abkochung von Gelbholz bringt.

Für Violett dient ein Bad von salzsaurem Zinn, nach welchem in Blauholzabkochung ausgefärbt wird; grosse Verdünnung des letzteren ergiebt Lila und Einlegen in sehr verdünnte Salpetersäure purpurroth.

Für Schwarz wird salpetersaures Silberoxyd und Blauholzabkochung mit essigsaurem Eisen genannt.

In Amerika färbt man Knochen und Elfenbein auf folgende Weise[1]: Roth zu färben, kocht man Abfälle von Scharlachtuch in Wasser und giebt nach und nach Potasche hinzu, bis alle Farbe ausgezogen ist; dann wird durch ein wenig Alaun die Brühe geklärt und durch Leinwand geseihet. Das zu färbende Elfenbein oder Knochen wird mit Scheidewasser vorgebeizt und dann in die Scharlachfarbe gelegt, bis die gewünschte Färbung erzielt ist. Das Scheidewasser darf aber nicht zu stark sein und die Artikel dürfen nicht zu lange in demselben verweilen; gut ist es, vorerst einen kleinen Versuch mit einem kleinen Stückchen Beines zu machen, und sobald man sieht, dass das Scheidewasser die Fläche des Beines ein wenig rauh macht, muss man es sogleich aus demselben herausnehmen und in die Färbeflüssigkeit legen, welche warm erhalten werden soll, aber nicht zu heiss sein darf. Ein wenig Uebung mit diesen Vorsichtsmassregeln setzt in den Stand, jede beliebige Schattirung dieser Farbe erlangen zu können. Wenn man irgend welche Theile des zu färbenden Gegenstandes ungefärbt haben will, so so deckt man diese mit Wachs oder Paraffin, durch die

[1]) Techniker, New-York 1884. Nr. 24.

dann die Farbe nicht dringt. Auf diese Weise kann man beliebige Zeichnungen, auch Schrift auf Elfenbein und Knochen herstellen.

Schwarz zu färben, löst man salpetersaures Silber (wohl ein theures Schwarz) in der dreifachen Menge Wasser auf und legt die Knochen oder das Elfenbein in diese Auflösung ungefähr eine Stunde lang; dann entfernt man aus der Flüssigkeit und setzt die behandelten Gegenstände dem Sonnenlichte aus, in Folge dessen die Färbung schneller vor sich geht.

Grün zu färben legt man den Elfenbein- etc. Artikel in eine Lösung von Grünspan und Salmiak oder schwaches Scheidewasser (von derselben Stärke wie beim Rothfärben angegeben, wobei man die Zeit, wie lange es darin bleiben soll, genau bemessen muss.

Blau zu erhalten, wird der zu färbende Gegenstand gerade so wie oben angegeben erst grün gefärbt und dann in eine starke Lösung von Potasche in Wasser getaucht.

Gelbe Färbung erzielt man, indem man den betreffenden Artikel in eine Lösung von Alaun legt und diese einige Zeit lang im Sieden erhält; dann nimmt man ihn heraus und legt ihn etwa eine halbe Stunde lang in eine Beize von Gelbwurzel (Curcuma) in Wasser, in welcher sich die Gelbfärbung vollzieht.

Die prächtigsten und tiefgehendsten Färbungen erzielt man bei Elfenbein und Knochen mit alkoholischen Lösungen von allen Theerfarbstoffen, welche die mannigfachsten Nüancirungen gestatten, und geht man hier in ganz derselben Weise vor, wie dies Seite 40 beim Färben von Holz erwähnt wurde. Um die Farben möglichst tief eindringen zu machen, empfiehlt Kayser[1]) die vorherige Behandlung mit höchst verdünnter Salpetersäure, nachheriges Waschen mit viel Wasser, Einlegen in die Färbeflüssigkeit und schliesslich Abreiben mit weichem Flanell, um einen schönen Glanz hervorzubringen.

Eine ziemlich wichtige Färbung ist auf Elfenbein die Herstellung eines eigenthümlichen ganz oder auch nur theilweise aufgebrachten braunen Tones, der mittelst übermangansaurem Kali hergestellt wird. Um jedoch mit diesem eine schöne tadellose Färbung zu erzielen, sind mehrere Umstände zu berücksichtigen[2]). Die Gegenstände sind zuerst thunlichst von Fett zu befreien, was durch Behandeln mit Petroleumäther oder Schwefeläther geschieht. Die durch die grosse Feuergefährlichkeit dieser beiden höchst flüchtigen Stoffe gebotene Vorsicht, jede Flamme im Raume, in dem gearbeitet wird, zu beseitigen, darf nicht ausser Acht gelassen werden. Nach dem Entfetten bringt man die Gegenstände 5 bis 15 Minuten bei gewöhnlicher Zimmertemperatur in ein Gemisch von 40 Gr. Salzsäure mit 1 Liter Wasser, hierauf wäscht man tüchtig mit Wasser ab und bringt in eine Lösung von 5 Gr. übermangansaurem Kali in 1 Liter Wasser. Man hat bei derselben darauf zu achten, dass nicht noch ungelöste Krystalle von übermangansaurem Kali vorhanden sind, wenn die Lösung verwendet werden soll, welcher Umstand bei der verhältnissmässig langsamen Lösung desselben und der intensiven Färbung der Lösung leicht übersehen werden und zu fleckigen Fär-

---

[1]) Mittheilungen des bayerschen Gewerbemuseum 1886.

[2]) Neueste Erfindungen und Erfahrungen 1887. p. 210.

bungen die Ursache geben kann. Je nachdem ein hellerer oder dunklerer Ton gewünscht wird, lässt man den zu färbenden Gegenstand kürzere oder längere Zeit in der Lösung, die nicht erwärmt werden darf. Man nimmt, sobald der beabsichtigte Färbungsgrad erreicht ist, den Gegenstand aus der Lösung heraus, wäscht mit Wasser und polirt wie gewöhnlich.

Will man besondere, mehr röthliche Färbungen erzielen, so bringt man den Gegenstand vor dem Poliren noch in eine Lösung von Fuchsin oder Grenadine, welche durch Auflösen von 10 Gr. Farbstoff in 1 Liter Wasser hergestellt wird. In kurzer Zeit ist die bräunliche Färbung in eine rothbraune übergegangen, die man durch längere Behandlung mit der letzteren Lösung noch mehr ins Rothe überführen kann, ohne dass der bräunliche Grundton verloren geht.

Knochen und Elfenbein sind ebenso wie auch Holz geeignet, mit den mannigfachsten Verzierungen versehen zu werden. So werden die bei Holz genannten verschiedenen Arten der Imitation eingelegter Arbeiten sich auf Knochen und Elfenbein mit geringfügigen Abänderungen in Anwendung bringen lassen und namentlich die Imitation eingelegter Arbeiten sehr hübsche Effecte ermöglichen. Auch Vergoldung und Bronzierung kann auf Knochen leicht angebracht werden und die Kostbarkeit des Elfenbeins gestattet es, die daraus gefertigten Arbeiten, namentlich aber solche, bei denen dieses Material in ganzen Platten und Plättchen in Anwendung kommt, dasselbe mit Handmalereien zu schmücken. Diese Malereien können in Aquarell oder Oelfarben ausgeführt werden, nur muss bei letzteren, um Fettflecke durch die Farbe zu vermeiden, ein fast unsichtbarer Untergrund mit einem höchst dünnflüssigen Spirituslacke gegeben werden. Die Ausführung der Malerei erfolgt dann in gewöhnlicher Weise, wie auf allen anderen Materialien.

Farbige Decoration von Elfenbeinflächen stellt E. Ebell in Berlin[1]) auf folgende Weise her: Das zu decorirende Stück wird mit einem Lacke überzogen, der gegen Säuern widerstandsfähig ist. Hierbei werden die Zeichnungsflächen ausgespart und die feineren Linien in den getrockneten Lack hineinradirt. Dann wird das Elfenbeinstück in eine Säure eingetaucht, welche die feinen Elfenbeinstellen anätzt. Die nur wenig tief geätzten Stücke taucht man in eine Farbstofflösung, die in die freien Stellen einzieht. Die in den Poren des Elfenbeins zurückgebliebene freie Säure wirkt als Beize auf den Farbstoff und befestigt ihn.

Die Eigenschaft des Elfenbeins in verdünnten Säuren zu erweichen (wie auch Knochen, Geweihe etc.) kann zum Formen desselben benutzt werden. Man bereitet eine Mischung aus 6 Th. Salpetersäure, 15 Th. Flusswasser und legt das betreffende Elfenbein drei bis vier Tage lang in diese Flüssigkeit, wodurch es so weich wird, dass man es mit den Fingern drücken kann. Dieses erweichte Elfenbein kann nunmehr mit Lösungen von Anilinfarben in Alkohol beliebig gefärbt werden und kommt entweder naturfarben oder gefärbt in die metallenen Formen, in denen es genügend gepresst wird. Durch Einlegen in scharfgetrocknetes Kochsalz erhält es seine ursprüngliche Festigkeit wieder. Auch Phosphorsäure[2]) soll sich zum Biegsammachen des Elfenbeins ver-

---

[1]) D. R. P. 15,750.

[2]) Ackermann's illustr. Gewerbe-Zeitung 1881.

wenden lassen. Man benützt eine Lösung der Phosphorsäure von 1.13 spez. Gewicht, in welche eingelegt das Elfenbein zum Theile seine Undurchsichtigkeit verliert; wenn es weich genug ist, wäscht man es mit kaltem Wasser ab und legt es in heisses Wasser, wodurch es rasch seine Härte und Undurchsichtigkeit wieder erlangt.

Um Elfenbeingegenständen einen hübschen Silberglanz zu verleihen, legt man dieselben, sobald sie in allen ihren Theilen vollendet sind, in eine schwache Auflösung von salpetersaurem Silberoxyd und belässt sie darin, bis sie eine dunkelgelbe Farbe angenommen haben, dann legt man sie in reines Wasser ein und setzt sie in diesem der Einwirkung directen Sonnenlichtes aus. Nach drei Stunden werden die Gegenstände aus Elfenbein ganz schwarz gefärbt erscheinen, so wie man sie aber mit einem weichen Leder reibt, nehmen sie sofort den schönsten Silberglanz an. Verzierungen auf Elfenbein kann man auf folgende Weise herstellen[1]): Man überzieht den Gegenstand mit einem Deckgrunde, radirt dann in demselben und ätzt die Zeichnung mittelst folgender Flüssigkeit ein: feines Silber 6 Theile, Salpetersäure 30 Theile; destillirtes Wasser 125 Theile. Die Flüssigkeit lässt man etwa $1/_2$ Stunde einwirken, trocknet dann mit Fliesspapier und setzt die geätzte Fläche sogleich dem Sonnenlichte aus. Andere Farben erhält man durch Goldchlorid oder Plattinchlorid statt des Silbers in obiger Lösung. Der Aetzgrund soll aus 66 Theilen weissem Wachs, 66 Theilen Mastix bestehen[2]), mit dem das Elfenbein überzogen und dann die Zeichnung mittelst einer Gravirnadel so ein-

[1]) Neueste Erfindungen und Erfahrungen 1885. p. 115.

[2]) Andés, Verarbeitung des Hornes etc. p. 173.

gegraben wird, dass die weisse Farbe des Elfenbeins zu Tage tritt. Die Zeichnung wird mit salpetersaurem Silberoxyd geätzt und lässt man die Flüssigkeit je nach der gewünschten Tiefe längere oder kürzere Zeit stehen. Nach Verlauf einiger Stunden wäscht man den Aetzgrund mit Terpentinöl, trocknet sorgfältig ab und es erscheint die Zeichnung schwarz auf weissem Grunde. Um eine braune Färbung zu erzielen, wendet man statt der Silberlösung eine Lösung von 1 Theil übermangansaurem Kali in 16 Theilen destillirtem Wasser an, doch muss das Elfenbein vollkommen säurefrei sein; ein noch so geringer Antheil anhaftender Säure würde die braune Färbung mit der Zeit zerstören.

Die braune Rinde des natürlichen Elfenbeins; welche jetzt vielfach auf ausgearbeiteten Elfenbeingegenständen Anwendung findet, wird durch einfache Färbung mittelst übermangansaurem Kali hervorgerufen; um die Färbung ungleichmässig zu machen, schleift man nach dem Färben nochmals ab.

Drucke aller Arten lassen sich auf Knochen und Elfenbein ebenso übertragen, wie dies Seite 59 bei Holz angeführt wurde und auch Abziehbilder finden vielfache Verwendung. Batonnier und Michel in Paris[1]) haben sich ein Verfahren patentiren lassen, nach welchem auf Knochen, Elfenbein und Horn etc. viele Farben auf einmal fixirt werden können, ohne dass ein Zusammenfliessen stattfindet. Es wird Mehl zu einem dünnen Teig angerührt, dieser auf einen Bogen Papier, ein dünnes Blech in einer einige Millimeter dicken Schichte ausgebreitet, auf diese die Farbe in Pulver oder in Gestalt eines dicken Teiges gebracht und endlich der Bogen mit der

[1]) D. R. P. Jacobsen Repertorium 1880 II p. 165.

Farbenseite auf den zu färbenden Gegenstand aufgelegt. Um eine vollständige Berührung aller Theile zu erzielen, legt man hinter den Bogen ein gelochtes Blech und verbindet das Ganze mit Hilfe einer geeigneten Presse, worauf man alles in kochendes Wasser taucht, oder in eine Dampfkammer bringt. Hier erweichen oder verflüchtigen sich die Farbstoffe und legen sich auf die Oberfläche der Gegenstandes dicht auf; der Teig wird endlich abgewaschen und die gefärbte Fläche im Schatten getrocknet.

Ein Verfahren, ornamentale Zeichnungen auf Elfenbein zu vergolden[1]), ist, die Zeichnung mittelst eines mit Chlorgoldlösung befeuchteten, feinen Kameelhaarpinsels zu übermalen und dann das bemalte Elfenbein über die Oeffnung einer Flasche zu halten, in welcher (durch die Wirkung von verdünnter Schwefelsäure auf Zinkspäne) Wasserstoffgas erzeugt wird. Das Wasserstoffgas verwandelt das Chlorgold auf den gemalten Oberflächen in metallisches Gold und das so gebildete Gold-Häutchen (welches übrigens ausserordentlich dünn ist), erhält nach Beendigung der Operation in kurzer Zeit einen sehr schönen Glanz.

Malerei und eingelegte Arbeit[2]) ahmt C. Spatz in Hanau[1]) nach, durch Herstellung von Platten durch Ausgiessen einer durchsichtigen Gallertmasse (Gelatine) auf eine ebene Formplatte, Aufbringen von ausgeschnittenen (ausgestanzten, geprägten etc.) farbigen oder zum Abziehen gedruckten Einlagen, mit der Schauseite nach unten auf diese Schichte und Uebergiessen des Ganzen mit einer weiteren Gallertschichte, welcher ein verschiedenes Aussehen, wie Elfenbein, Schildpatt etc. gegeben wird.

---

[1]) Bayer. Industrie- und Gewerbeblatt 1885. p. 109.

[2]) D. R. P. 34. 428.

Die Herstellung der Knochen- und Elfenbein-Imitation ist ein ziemlich ausgebreiteter Industriezweig geworden, dem grosse Aufmerksamkeit geschenkt wird, weil er eine billige Production schöner Luxusgegenstände gestattet. Die Nachahmung geschieht theils durch Bindung des bei der Knochen- und Elfenbein-Bearbeitung abfallenden Materiales mittels Albumin, Leim, oder ähnlichen Bindemitteln, theils durch geeignete Präparation (Nitrirung) vegetabilischer Fasern (Celluloid), theils aber auch durch Stoffe anorganischen Ursprunges, welche mittelst Harzlösungen oder anderen Klebemitteln gebunden werden. Auf die Darstellung sind eine grosse Zahl Patente in allen Ländern genommen worden, doch erfordert dieselbe nach den in letzteren gegebenen Anweisungen in den meisten Fällen eine complicirte und daher kostspielige maschinelle Anlage (Pressen mit Druck- und Heiz-Vorrichtungen).

Um Celluloid herzustellen, lässt man einen sich continuirlich abwickelnden Papierbogen durch ein Gemisch von 5 Theilen Schwefelsäure und 2 Theilen Salpetersäure gehen, wodurch das Papier in Pyroxylin umgewandelt wird, welches durch Pressen von überschüssiger Säure befreit und dann bis zur Entfernung der letzten Spur Säure in fliessendem Wasser gewaschen wird. Die Masse wird dann abtropfen gelassen, theilweise getrocknet, gemahlen und mit Kampfer gemischt, dann nochmals gemahlen, stark comprimirt, in hydraulischen Pressen zwischen Fliesspapier gepresst, zerrieben, gewalzt und nochmals in besonders erwärmten Apparaten erwärmt. Auch Cellulose wird in gleicher oder ähnlicher Weise behandelt und die Masse entweder wie das aus Papierbahnen herzustellende Celluloid in Platten geformt oder gleich, in den verschiedensten Farben gefärbt, in Formen zu den mannigfachsten Gegenständen, namentlich Schmucksachen, gepresst[1]).

Als Vegetalin wird eine Elfenbein-Imitation bezeichnet, welche unverbrennlich und für alle Flüssigkeiten undurchdringlich sein soll[2]). Zu ihrer Herstellung wird Cellulose bei 150° C. mit Schwefelsäure von 58° B übergossen, einige Zeit in Berührung gelassen, ausgewaschen, getrocknet, gemahlen, mit Harzseife und endlich mit schwefelsaurer Thonerdelösung innig gemischt. Das Gemenge aus veränderter Cellulose und harzsaurer Thonerde wird getrocknet, unter hydraulischem Drucke zu Blöcken geformt und diese zerschnitten, eventuell auch in Formen gepresst.

Hyatt, der auf dem Gebiete der Imitation viel geleistet hat, will eine elfenbeinartige Masse in folgender Weise herstellen[3]): Gemahlene Meerschaumabfälle werden mit einer Lösung von 5 Theilen Nitrocellulose, 3 bis 5 Gewichtstheilen Kampher in 3 Theilen Aether und 1 Theil Alkohol im Verhältnisse von 100 Theilen Meerschaum auf 5 Theile in der Flüssigkeit enthaltener Nitrocellulose gemischt, nach dem innigen Mischen wird die Flüssigkeit verdunstet, die harte Masse zu feinem Pulver gemahlen und nun in auf 100—120° C. erhitzten Metallformen in die gewünschte Gestalt gepresst.

Ein feuerbeständigeres Elfenbein-Surrogat als das Celluloid soll folgendermassen erhalten werden.[4]) Es

---

[1]) Böckmann, das Celluloid.

[2]) Lehner, die Imitation.

[3]) D. R. P. No. 7104.

[4]) Boston. Journ. cf. Chemie. pg. 137.

wird eine Lösung von 200 Theilen Caseïn in 50 Theilen Ammoniak und 40 Theilen Wasser oder von 150 Theilen Albumin in 400 Theilen Wasser bereitet. Zu dieser Lösung werden 240 Theile gebrannter Kalk, 150 Theile essigsaure Thonerde, 50 Theile Alaun, 1200 Theile schwefelsaurer Kalk und 100 Theile Oel gesetzt. Das Oel wird zuletzt eingerührt. Für dunkle Objecte nimmt man anstatt der essigsauren Thonerde 75 bis 100 Theile Tannin. Die Mischung wird gut zusammengeknetet und durch Passiren der Walzen in Platten von der gewünschten Form gebracht. Letztere wird entweder getrocknet und in vorher gut erhitzten Metallformen gepresst, oder in ein sehr feines Pulver verwandelt, welches darauf in erhitzten Formen einem sehr starken Druck ausgesetzt wird. Später werden die Gegenstände in ein Bad aus 200 Theilen Wasser, 6 Theilen weissem Leim und 10 Theilen Salpetersäure getaucht, schliesslich getrocknet, polirt und mit Schellack gefirnisst.

Nach Cohen in London wird Elfenbeinstaub mit Wasser und Zinkweiss zu einer Gallerte gekocht. Auf 1 Theil wird $^1/_{16}$ Theil Schellack und ebensoviel Zinkweiss genommen. Die breiige Masse wird in Formen gegossen, an der Luft getrocknet und dem hydraulischen Drucke ausgesetzt.

Rouvier Paillard stellt aus Abfällen, Spänen etc. von Elfenbein, Knochen eine Elfenbein- und Knochenmasse her, welche sich wie Gyps formen und giessen lässt[1]. Die in feinem Pulver befindlichen Abfälle werden in eine verdünnte Lösung einer organischen oder mineralischen Säure (Salzsäure, Salpetersäure, Weinsäure, Essig-

[1]) Encyclopädie prakt. Rezepte v. Dietrich p. 242.

säure, Citronensäure, Kleesäure) gebracht und die Lösung in einem Wasserbade bei 35—40° C. befördert; die durchzogene Mischung wird mit einem Viertheil Elfenbeinleim versetzt, gut gemischt, die überschüssige Flüssigkeit abgenutscht und nun mit einer Lösung von Copal- oder Schellack in Alkohol gemischt, wodurch sie giessbar wird; in Schwefelformen gegossen, erhärtet sie bald und erlangt die Festigkeit von natürlichem Elfenbein.

Hyatt[1]) stellt künstliches Elfenbein aus amoniakalischer Schellaklösung und Zinkweiss her. Die Schellaklösung besteht aus 8 Theilen Schellack und 32 Theilen Ammoniak von $0_{,995}$ spezif. Gewicht, in welche 40 Theile reines Zinkocyd eingeführt und gemischt werden. Nach vollständiger Mischung wird das Ammoniak verdunstet, die feste Masse gemahlen und nun in Formen unter einem Druck von 160 Kilogr. pro □cm und bei einer Temperatur von $125—137^{1}/_{2}{}^{0}$ C. gepresst.

Latry in Paris presst Elfenbein- und Knochenstaub mit kleinen Mengen Traganth oder Albumin und einem weissen Farbmaterial (Zinkweiss) unter hohem Druck als trockenes Pulver in metallenen Formen und stellt auf diese Weise eine so harte Masse dar, dass Gegenstände aus ihr, selbst durch Aufwerfen auf Steinplatten nicht zerbrechen. B. Harras in Böhlen in Thüringen[2]) fertigt aus Leim, Cellulose, Alabaster und Alaun eine elfenbeinartige Masse, welche sich zu Verzierungen für Möbeltischlereien, Photographie-Albumdeckel u. dgl. vorzüglich eignet.

Die Leimlösung wird hergestellt durch Auflösen von

[1]) D. R. P.
[2]) D. R. P. 3008.

100 Gr. feinem Leim in 1 Kilogr. reinem Brunnenwasser, filtriren durch Leinwand; der Cellulosebrei durch Uebergiessen von 50 Gr. gebleichter Cellulose mit $3^1/_2$ Kilogr. Wasser und durchrühren, bis sich ein gleichmässiger Brei gebildet hat; die Alaunlösung durch Lösen von 50 Gr. Alaun in 1 Kilogr. heissem Wasser. Nun werden 75 Gr. Leimlösung, 20 Gr. Cellulosebrei, 200 Gr. Wasser innig gemischt und 200 Gr. gesiebter Alabastergyps hinzugegeben, gut unter einander gearbeitet und endlich 200 Gr. Alaunlösung hinzugefügt. Die flüssige Masse wird in gut geölte Formen eingegossen, nach dem Erstarren (15 Minuten) herausgenommen, in heissem Wasser abgewaschen, in flüssiges Stearin oder Wachs nach erfolgtem Trocknen eingelegt und endlich mittelst Federweiss und einer gut geschliffenen Borstenbürste gut abgebürstet.

Mayall[1]) nimmt Gelatine- oder Leimfolien und taucht sie in ein Bad aus schwefelsaurer oder essigsaurer Thonerde, wobei sich der Leim mit der Thonerde verbindet. Man lässt die Folien die hinreichende Zeit in dem Bade liegen, damit sie die angemessene Dicke und Dichtigkeit annehmen und die Thonerde sie ganz durchdringe. Dann nimmt man sie heraus, lässt sie trocknen und hart werden und polirt sie schliesslich. Man kann auch die Thonerde direkt mit dem Leim vermischen, doch giebt dies nicht so gute Resultate. Nach einem ähnlichen Verfahren stellten J. Fichtner & Söhne in Atzgersdorf bei Wien Elfenbein-Imitationen her.[2]) Ainmüller[1]) giebt folgende

---

[1]) Dietrich, Encyclopädie prakt. Rezepte p. 274.
[2]) Gintl's offiz. Ausstellungsbericht. Wien 1873.
[3]) Neueste Erfindungen und Erfahrungen. VIII p. 425.

Anleitung zur Herstellung künstlicher Billardballen: Man lässt 80 Theile Knochengallerte (russischen Leim) und 10 Theile Cöllner Leim mit 110% Wasser aufquellen, erhitzt im Wasserbade und fügt 5 Theile Schwerspath, 14 Theile Kreide und 1 Theil gekochtes Leinöl hinzu. Man taucht nun kleine aus derselben Masse hergestellte Stäbchen ein, lässt die daran hängen gebliebene Masse trocknen, taucht wieder ein und so fort, bis man den rohen Ball erreicht hat. Ist dieser nach 3 bis 4 Monaten trocken, so legt man ihn, entsprechend abgedreht, eine Stunde lang in ein Bad aus essigsaurer Thonerde, lässt wieder trocknen und polirt nun wie eine Elfenbeinkugel.

Lehner erörtert die Elfenbein-Imitationen sehr eingehend und wendet sich namentlich den aus Leim und Farb- und Füllstoffen herzustellenden Imitationen zu.[1]) Nach seinem Verfahren wird eine Lösung hellen Leims mit kohlensaurer Magnesia, kohlensaurem Kalk, Stärke, Zinkoxyd, Bleiweiss, schwefelsaurem Baryt oder ähnlichen Stoffen innig gemischt, geformt oder gepresst, in erwärmten Räumen getrocknet und schliesslich durch Alaun- oder Gerbstofflösung gehärtet. Auch durch Ueberziehen mit Spirituslacken soll Härtung erzielt werden.

Auch die bei der Kartoffelstärke-Fabrikation zurückbleibende Kartoffelfaser lässt sich zu sehr hübschen Elfenbein-Imitationen verwenden[2]). Die Kartoffelfaser wird in Bottichen gesammelt und unter fortwährender Einwirkung geeigneter Maschinen und Rührvorrichtungen auf 76—79° C. erhitzt und die so erzeugte kleisterartige Masse in Formen gefüllt und unter starkem Drucke ge-

[1]) Lehner, Imitationen pag. 12—84.

[2]) D. R. P. 24029, 28356, 36569.

presst. Bei einer Verbesserung des Verfahrens werden der erhitzten Kartoffelfaser animalische und vegetabilische Substanzen zugesetzt und die gewonnene Masse mit heissen Walzen, Platten, Formen u. s. w. mit oder ohne Pressung in Berührung gebracht. Damit die herzustellenden Gebrauchs- oder Luxus-Gegenstände möglichst fest und haltbar sind, darf die Masse nur geringen Wassergehalt besitzen und zwar geringeren als durch einfaches Erhitzen derselben selbst bis auf 150° erreichbar wäre. Der Masse darf aber auch ihr Wsssergehalt durch Pressen nicht ganz genommen werden, weil die durch die Erwärmung erzeugten Klebestoffe zum Theil mit dem Wasser verloren gehen würden und wird dieselbe zu diesem Zwecke in Trockenstuben gebracht, aus denen die feuchte Luft auf angemessene Weise entfernt wird.

Sehr hübsche Imitationen von Elfenbein-Einlagen in Ebenholz stellt Eduard Sieger in Wien[1]) in der Weise her, dass er feines elfenbeinartiges Papier entsprechend mit tiefschwarzer Farbe bedruckt, dieses auf die zu imitirenden Gegenstände aufklebt und nun mit einem eigens hergestellten Lacke überzieht. Dieser erste Ueberzug wird abgeschliffen (mit Schachtelhalm), dann wieder überlackirt und das Lackiren und Schleifen so lange fortgesetzt, bis die gehörige Glätte und der matte Glanz erzielt ist.

Um Elfenbein-Imitation auf Holz herzustellen,[2]) presst man das aus Zinkblech geschnittene Ornament mittelst einer starken Presse in ein Holz-Fourier ein und

---

[1]) Oesterr.-Ung. Patent v. 11/76.

[2]) Oesterr.-Ung. Patent. Schmidt, Rezepttaschenbuch für die Holzindustrie.

füllt, nachdem das Metall-Ornament wieder entfernt ist, die letztere mit einer Pasta oder einem Kitt aus, welcher aus hydraulischem Kalk, frischgelöschtem Kalk und Zinkweiss mit Leim- oder Gelatinelösung hergestellt wird. Die eingepressten Vertiefungen werden mit dünnem Leim bestrichen, der Kitt fest eingedrückt, trocknen gelassen, mit der Ziehklinge abgezogen, geschliffen und wie gewöhnlich polirt.

Uebersichtliche Zusammenstellung

der zum Färben von Holz, Horn, Elfenbein und Knochen verwendbaren Materialien.

Alaun, crystallisirt.
Alizarin en pâte.
Ammoniak (Salmiakgeist).
Anilinfarben (Theerfarbstoffe).
Anilin, salzsaures.
Berberitzwurzel.
Blauholz.
Blauholzextract.
Bleiglätte.
Bleiminium (Mennige).
Bleizucker.
Blutlaugensalz, gelbes (blausaures Kali).
— rothes (blausaures Kali).
Brechweinstein.
Brunolein.
Cadmium, schwefelsaures.
Campechholz.
Carmin.
Catechu (Terra japonica).
Chlorbaryum.
Chlorcalcium.
Chlorkalk.
Chlorquecksilber.
Chlorzinn.
Chromalaun.
Cobalt, schwefelsaurer.
Cochenille.
Curcuma.
Eisenchlorid.
Eisen, salpetersaures.
— salzsaures (Eisenchlorid).
— schwefelsaures (Eisenvitriol).
Eisenvitriol.
Fernambukholz (Rothholz).
Galläpfel.
Gelbbeeren.
Gelbholz.
Gelbholzextract.
Grünspan.
Holzfüller.
Indigo.
Indigo-Carmin.
Jodkalium.

Jodtinctur.
Kali, chromsaures, gelbes.
— chromsaures, rothes.
— gelbblausaures.
— rothblausaures.
— übermangansaures.
Kalkbrei.
Kasslerbraun.
Kieferlasur.
Krapp.
Kupferchlorid.
Kupfervitriol.
Lima-Rothholz.
Magnesia, schwefelsaure.
Manganvitriol.
Mennige (Bleiminium)
Nickel, schwefelsaures.
Nussbaumwurzeln.
Nussbeize.
Nussschalen, grüne oder getrocknete.
Operment.
Orlean.
Pikrinsäure.
Potasche.
Pyrogallussäure.
Quecksilberoxyd, salpetersaures.
Quecksilbersublimat.
Quercitron.
Rhodankalium.
Rothholz.
Rothholz-Extract.
Safflor.
Saffran.
Salmiakgeist (Ammoniak).
Salpetersäure.
Salzsäure.
Sandelholz (Rothholz).
Sapanholz.
Scheidewasser.
Schwefelleber.
Schwefelsäure.
Sepia.
Silberoxyd, salpetersaures.
Soda.
Steinkohlentheer.
Tabak (Saft).
Tannin.
Terra japonica (Catechu).
Theerfarbstoffe.
Uebermangansaures Kali.
Uran, essigsaures.
Vanadinsäure.
Wau.
Weinstein.
Weinsteinsäure (Weinsäure).
Wismuth, salpetersaures.
Zinkvitriol.

Druck von Gressner & Schramm in Leipzig

FSC
www.fsc.org
MIX
Papier | Fördert gute Waldnutzung
FSC® C083411

Zeitfracht Medien GmbH
Ferdinand-Jühlke-Straße 7
99095 Erfurt, Deutschland
produktsicherheit@kolibri360.de